野生との共存

行動する動物園と大学

羽山伸一・土居利光・成島悦雄　編著

地人書館

目　　次

はじめに　7

第1部　いのちを守る　9

第1章　野生動物と共存するために …………………………………… 11
1. 野生の危機と人間の関わり　11
2. 動物園と大学が協働する意味　15
3. 動物園と大学による保全活動　17
4. 野生復帰への挑戦　21

第2章　生物多様性と動物園・水族館の役割 ………………………… 25
1. 今日の課題　25
2. 保全という言葉の意味　26
3. 保全が必要とされる理由　27
4. 自然保護と生物多様性　28
5. 生物多様性とは何か　29
6. 生息域内保全と生息域外保全　30
7. 日本の動物園の法的位置付け　31
8. 博物館法が期待する動物園の役割　33
9. 動物園が対象とする動物　34
10. 生物多様性保全における動物園・水族館の役割　35

第3章　生息地と協働した保全活動　～イモリやトキを例として ……… 37
1. 都立動物園と保全活動　37
2. 域内保全と域外保全　38
3. 人工繁殖技術の応用　39
4. 冷凍動物園　40
5. 飼育個体群の役割—絶滅の渦巻—　41

    6. 飼育個体群を作る意味　42
    7. 動物園と域内保全、域外保全　42
    8. 都立動物園の取り組み　43
        8.1 オガサワラシジミ　44　　8.2 東京メダカ　45
        8.3 アカハライモリ　47　　8.4 トキ　48
        8.5 ツシマヤマネコ　50
    9. 生息地と協働した保全活動　52

第2部　いのちを伝える　55

第4章　伝えたいいのち　〜レクリエーション同好会創部34年の歩みと未来へ …… 57
    1. レクリエーション同好会とは　57
    2. レクリエーション同好会の歴史　57
    3. 現在の活動内容　58
    4. レクリエーション同好会についての考察　61
        4.1 レクの魅力　61　　4.2 いのちを伝える　63
    5. 大学と動物園が協力したら何ができるか　65

第5章　動物観察の楽しみ方　〜動物解説員からのおすすめ …………… 67
    1. 動物を見る　67
    2. 「かわいい」の先にあるものは…　68
    3. 大人ならではの奥深い観察　72
        3.1 動物と向き合う感覚　72　　3.2 自分と相手を置き換えるアナロジー　73
        3.3 行動の意味を想像する　74　　3.4 動物園と野生環境を置き換える　77
        3.5 自分と相手の相対化　79
    4. 野生動物と出会う　80
    5. ヒトと野生生物の共存　80
    〈コラム〉嫌われもの　71
    〈コラム〉動物園にいる動物にも、野生の性質が残っているのか？　75

第 6 章　子どもと身近な自然をつなぐ　〜井の頭自然文化園の取り組み …… 83
1. 身近ないきもの探検　83
2. 動物園の教育活動　85
3. 文化園らしい教育活動　87
4. 子どもたちに今、大事なこと　88
5. 暮らしの中の遊びではなくなった自然体験　89
6. 子どもと自然をつなぐ取り組み　90
   6.1 自然体験へのきっかけ作り　91　　6.2 動物園内での疑似自然体験　95
   6.3 フィールドへ連れ出す　95
7. 動物園の中にある「近所の自然」　100
8. 最後に　102

第 3 部　いのちを科学する　103

第 7 章　身近ないのちを科学する ……………………………………… 105
1. 身近ないのちを科学するとは　105
2. 多摩動物公園の歴史と特徴　106
   2.1 多摩動物公園の歴史　106　　2.2 多摩動物公園の特徴　106
3. 多摩動物公園ができること　109
   3.1 里山再生と環境学習　109　　3.2 昆虫を使った活動　113
4. 多摩動物公園のこれから　115
   4.1 身近な動物の復活　115　　4.2 当たり前の種を当たり前に見せる　115
   4.3 感性をみがこう　116

第 8 章　イモリを調べる　イモリを守る ……………………………… 117
1. イモリとヤモリ　117　　　　　2. 減っているイモリ　118
3. 保全の取り組み　119　　　　　4. イモリを増やす　120
5. イモリを調べる　121　　　　　6. わかってきたこと　122
7. わからないこと　123　　　　　8. 域外保全　123
9. 地域の小学校との連携　124　　10. 保全の意義　124

第9章　希少動物の人工繁殖技術 127

1. 絶滅の危機にある動物を守るために　127
2. ツシマヤマネコにおける生息域外保全　128
3. 野生動物の繁殖成功には人工繁殖技術が必要　129
4. 人工繁殖技術とはどういうものか？　130
5. 精液の採取方法　131
6. 精子の保存方法：凍結精液　132
7. 精液性状は動物種などにより異なる　133
8. 人工授精とはどういうものか？　134
9. 精液の輸送　137
10. 事故で亡くなった場合の精子の有効利用　137
11. 卵子に関する人工繁殖技術　138
12. 胚移植技術とはどういうものか？　139
13. 卵子（胚）の凍結保存　140
14. クローン技術　140
15. 冷凍動物園という構想　141

第10章　糞からわかること　～希少動物の繁殖のために 143

1. 野生生物保全センターについて　143
2. バイオテクノロジーを応用した飼育下繁殖の取り組み　144
   2.1 DNA解析　144　　2.2 配偶子の冷凍保存　145
   2.3 性ホルモン測定　145
3. 糞を用いたホルモン測定の活用例　147
   3.1 ゴールデンターキンの性周期　147
   3.2 グレビーシマウマの妊娠判定　150
4. 飼育下ツシマヤマネコのホルモン測定と行動解析　154
5. まとめ　155

索　引　157

はじめに

　2011年3月11日に発生した東日本大震災を経験し、あらためて「いのち」というものを深く見つめ直した方々は多いのではないだろうか。私も、いのちに関わってきた大学人として、動物医療支援などの活動はしたものの、ほかに自分には何ができるだろうかと、いろいろ悩んできた。
　確かに自然は人間社会にとって非常に大きな驚異である。しかし、私たち人間は自然の中でしか生きていくことができない。だとすれば、自然とともに生きていくためにはどうすればよいだろうか。その答えを求めるために、原点に立ち戻り、自らの地域から、いのちを見つめ直そうと、この連続講座「野生との共存」を企画した。
　幸い、いのちを長年にわたって見つめ続けてきた機関である井の頭自然文化園と多摩動物公園が、この企画の趣旨に賛同いただき、共同事業として連続講座を開催することができた。日本獣医生命科学大学と両動物園は、自然のなかでも、とくに動物のいのちに関わり続けてきた。そこで、これまで私たちが野生動物たちと共存するための取り組みを市民のみなさまに紹介し、いのちの意味をいっしょに考えたいと思った。そこから新たな行動や思想や文化を生み出せればと期待したからだ。
　実は、この企画を紹介するたびに、動物園と大学が連携して連続講座を開くことは、ありそうで今までほとんどなかったと多方面から御指摘をいただいた。私自身は、30年ほど前に野生動物に関わる仕事に興味を持って今日に至っているわけだが、その当時から「動物園と大学がいっしょに何かできないか」と思っていた。
　私が野生動物に関わる仕事に就くきっかけを作っていただいたのは、帯広動物園の中村悟園長（故人）だった。本当に偶然なのだが、札幌から帯広への汽車で向かい合わせに座ったことから話しかけられ、「君、獣医なら動物園へ勉強に来なさい。園長室を研究室だと思って毎日通って来なさい」と言われたのだ。当時、獣医師の職域としては、産業動物あるいはイヌやネコなどの家庭動物の

医療に携わる世界しか知らなかった。しかし、中村園長のおかげで動物園という野生動物に関わる分野があるのだということを初めて知った。

こうして私は動物園に毎日通い始めた。これがとても楽しくて、今に至っている。そして、つくづく思う。こんなに楽しい動物園に毎日通って大学の卒業証書がもらえたら、これ以上に幸せなことはないではないか。そんなことが自分の夢の中にあり、動物園と大学で何かできないだろうかと企画を温めてきたのだが、30年を経てようやく実現した。

時代と状況がすすむにつれ、野生との共存がますます困難となり、動物に関わる動物園と大学がいっしょになって行動していくことが今ほど必要になった時代はないと思う。そんな背景からか、多くの方々から反響をいただき、この連続講座には、のべ400名を超える受講者が参加された。連続講座は、各機関を会場として3回にわたって開催した。テーマはそれぞれ「いのちを守る」、「いのちを伝える」、「いのちを科学する」と設定し、各機関が取り組んできた野生動物に関わる保全、教育普及、研究の活動内容をお話しいただいた。本書は、その講演内容をもとに各講演者が書き下ろした原稿を編集したものである。

私自身は、この連続講座で珠玉の各講演を拝聴し、何ができるかではなく、何をなすべきかを自ら知って行動することの意義を学んだ。本書の読者が、動物園と大学による野生との共存を目指した不断の努力と挑戦を理解し、私たちとともに行動していただけることを期待している。

日本獣医生命科学大学野生動物教育研究機構
機構長　羽山伸一

第1部 いのちを守る

第1部　いのちを守る

　第1部では、「いのちを守る」をテーマとして、動物園と大学が取り組んでいる野生動物の保全活動を紹介する。

　動物園も大学も、その誕生以来の伝統的な役割がある。動物園では様々な野生動物を展示して市民に憩いの場を提供し、また大学では様々な学問を研究し教授することなどである。しかし、これらの役割は時代とともに変遷し、また社会からの要請や期待も大きく転換してきた。

　そのひとつが野生動物と人間との関係にある社会問題の解決だ。とくに人間の影響によって多くの野生動物が絶滅に瀕しており、その対策は急務となっている。こうした保全活動を動物園や大学が真剣に取り組んでいることは、実はあまり知られていない。

　ここでは、動物園や大学が野生動物の保全に取り組んできた歴史や内容を紹介し、さらに将来に向けた抱負や課題を提示した。とりわけ、絶滅危惧種の飼育下繁殖や野生復帰は未知の世界であり、動物園と大学が行政機関や生息地域の住民などと協働していかなければ成功しない。ここで紹介される具体的な実践内容は、さらに多くの動物園や大学を巻き込み、野生と共存するための取り組みとして発展させてゆく必要があるだろう。　　　　　（羽山　伸一）

第1章

野生動物と共存するために

――――――――――― 日本獣医生命科学大学　羽山伸一

1. 野生の危機と人間の関わり

　2011年6月、私たちの地元である東京都の小笠原諸島が世界自然遺産に登録された。小笠原諸島は、一度も大陸と陸続きになったことのない海洋島であることから、ここに生息する多くの野生生物が独自の進化をとげた固有種である。このことが、地球規模の視点から見て保全すべき重要な自然として、世界自然遺産にふさわしいと認められた。

　しかし、これらの野生生物は人間の影響を受け、絶滅の危機に瀕している。例えば、アカガシラカラスバトは、地球上で40〜50羽しか生息していないだろうと言われている。最大の脅威となっているのは人間が島に持ち込んで野生化したイエネコによる捕食である。また、日本最大のコウモリであるオガサワラオオコウモリ（図1）も固有種だが、乱獲などの影響で生息数は約100頭に激減した。世界自然遺産へ登録されたことから、こうした動物たちとその生息地である小笠原諸島を世界の宝として守っていく責任が私たちにある。

　絶滅に瀕した野生動物は、小笠原に限らない。例えば、ジュゴンは沖縄にわずか50頭たらずが生息するのみと推定されている。現在、日本で最も絶滅のおそれの高い野生動物である。一方、北の海に目を転じれば、日本で唯一周年生息するゼニガタアザラシ（図2）も絶滅危惧種だ。30年ほど前、個体数が約100頭にまで激減したが、現在では800

図1　オガサワラオオコウモリ

図2　ゼニガタアザラシ（提供：倉沢栄一）

図3　ツシマヤマネコ

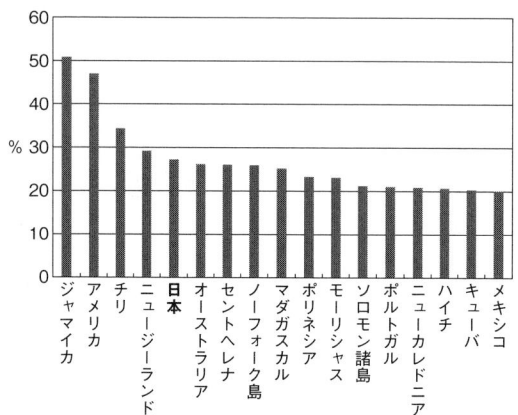

図4　国別の動物に占める絶滅危惧種の割合（IUCN、2010）

頭を超えるまでに回復してきた。しかし、漁業被害など、人間との軋轢も多く、共存への道のりは遠い。さらに、長崎県の対馬にのみ生息するツシマヤマネコ（図3）も、個体数が80〜110頭と推定され、絶滅の淵にある。生息地の破壊に加え、交通事故などが追い討ちをかけている。

こうした絶滅のおそれのある野生動物たちは、諸外国でもかなりの数にのぼるが、とくに日本ではその割合が高い。それぞれの国に生息する動物に占める絶滅危惧種の割合では、なんと日本は世界のワースト5に入る（図4）。つまり、この国の環境が、野生動物たちにとってはとてもすみづらいものであることを、私たちは意識しなければならないと思う。

一方で最近、ツキノワグマが人里へよく出没するようになった。一撃で人の命を奪うような野生動物であるため、2006年の大量出没

第1章　野生動物と共存するために

の際には、5千頭にのぼるクマが人の手によって殺された。人里近くの森や農地が管理放棄され、クマだけではなくイノシシやサルなどの大型野生動物にとってすみやすい環境となってしまった。その結果、野生動物による農作物被害が深刻化し、申告があっただけでも年間200億円以上の農作物被害が発生している。

また、ニホンジカでは、以前から林業被害が問題となっていたが、近年になって生態系への影響が全国各地で問題となっている（図5）。これは人が里から奥山にシカを閉じこめ、しかもオオカミのような捕食者を絶滅させたために、野生動物が自然の生態系を破壊し始めるという前代未聞の事態が深刻化している。神奈川県の丹沢山地では、1980年代ころからブナの森が枯れ、草原のような景観となってしまった。実は、

図5　ニホンジカによる樹木の剥皮

こうしたシカによる生態系への影響は、全世界的に発生している問題だ。

これらの結果、とくに被害が大きいシカ、サル、あるいはイノシシなどの大型の野生動物の捕獲数は、1990年代から常に右肩上がりとなっている（図6）。シカ、イノシシは年間30万頭以上が捕獲されているが、とてもそれでは追いつかない事態になっている。地域によっては、シカやイノシシの分布が拡大し、人間の生活圏と重なり合う状況となっている。とくにイノシシはブタと同じ動物なので、例

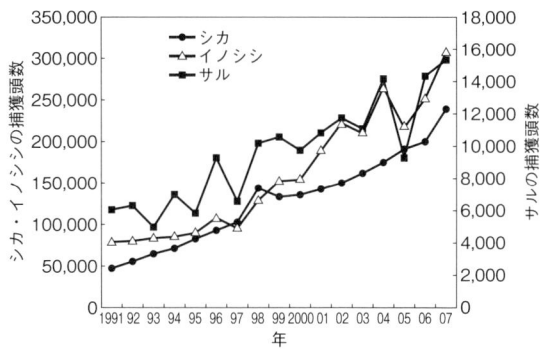

図6　シカ、イノシシ、サルの捕獲頭数推移

えば、2010年に宮崎で起こったような口蹄疫がこうした地域に蔓延すれば、当然のことながら野生の世界にこのウイルスが広がって、制御不能な状況に陥りかねない。

　さらに鳥インフルエンザも心配だ。人の命も奪う高病原性のタイプが、地球規模で広がっている。2010年の冬には、鹿児島県出水市でツルに感染が広がり、7羽が命を落とした。かつて、大陸で繁殖したツルの集団は、朝鮮半島や日本列島に沿って南下し、各地で冬を越した。東京でもツルが越冬していたという記録がある。ところが、開発の影響や乱獲などがあって、出水市が最後の越冬地となってしまった。そこで、地元では保護や観光などを目的として餌付けを行っている。その結果、出水市には極東アジアに生息するツルの大半が集結してしまい、一地域に一万羽を越える個体が密集してしまった。当然、そうした場所にウイルスが伝播すれば感染が拡大するのは自明で、これは人が作り出した災害だといえる。

図7　アライグマ（提供：加藤卓也）

　在来の野生動物だけでも多くの問題が発生している状況だが、外来の動物による問題も急速に深刻化している。代表的な例はアライグマだ（図7）。テレビ番組で有名になったキャラクターにひかれて、ペットとして多数が飼育されるようになった動物である。アライグマは、アメリカ原産の野生動物だが、一時期は日本中のペットショップで販売された。しかし、もともと獰猛な野生動物であり、結果的に飼いきれずに捨てられて、全国で野生化してしまった。すでに希少な両生類を捕食するなど、生態系に大きな影響が出始めている。果樹なども好物であるため、農作物被害も年々増加し、被害を食い止めるために年間数万頭の単位で殺されている。これもすべて人が作り出した災害である。

　日本で唯一の飛べない鳥であるヤンバルクイナも外来動物の影響を受け、絶滅に瀕している。この鳥は、地球上で沖縄ヤンバルの森にしか生息していないが、あと10年から15年で絶滅するかもしれないと考えられている。その外来

動物は、マングースというジャコウネコ科の動物で、約百年前に人がヘビあるいはネズミ対策のために持ち込んだものだ。さらに追い討ちをかけていたのが人に捨てられたイエネコである。ペットのネコが野生化すると生態系に非常に大きな影響を与えることが、全世界で明らかになっている。実際、小笠原諸島では、大型の海鳥でさえ野生化したイエネコに捕食され危機に瀕している（図8）。

図 8-1　大型の海鳥を捕食するネコ
（提供：NPO 法人小笠原自然文化研究所）

2. 動物園と大学が協働する意味

こういった人間が引き起こした野生動物問題を解決しなければ、共存どころか人間もこの国で生きていけなくなるかもしれ

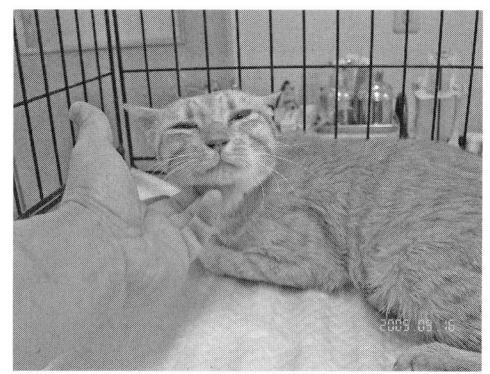

図 8-2　動物病院で順化されたネコ
（図 8-1 と同一個体、提供：小松泰史）

ない。その危機感から、日本獣医生命科学大学は 1984 年に日本で最初の野生動物学、つまり共存のための科学を研究し教授する教室を設置して、現在に至っている。しかし、その後に続く大学はほとんどなかった。ようやく最近になって、社会全体がこの分野の人材育成や研究の意義に気付きはじめ、野生動物学を専門に研究することを始めた大学が急増しているが、それでも全国で 18 大学あまりに限られる（図 9）。

一方で、野生動物を専門に扱っている機関である動物園水族館は、日本には150 あまりもある。ある意味、日本は世界最大の動物園大国である。それなら

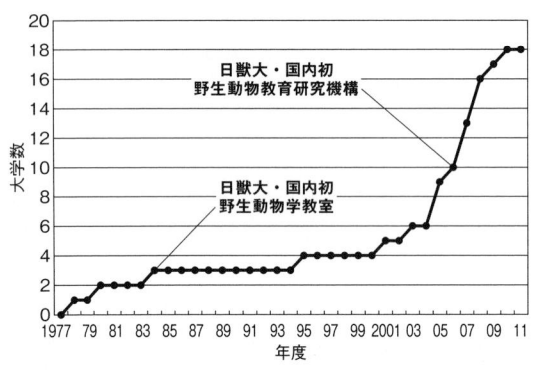

図9　わが国で野生動物専門講座を設置した大学数の推移

ば、動物園と大学が協働すれば、いろいろな問題解決ができるのではないかと考えた。ただ、これまで動物園と大学がいっしょに何かをやってきたという経験がほとんどない。

　実は、動物園と大学はすごくよく似ている。逆に、こんなに似ているのにどうしていっしょになれなかったのかと不思議にさえ思う。しかし、そのことに気付いている方は少ないのではないだろうか？　みなさんは、動物園と大学の共通点をご存知だろうか。

　一番の共通点は、「楽しい」場所であることだ。大学も実に楽しいところだ。これは大学生が遊んでいると言いたいわけではなく、大学は知らないことを解き明かして、そして知る場所だからだ。知らないことを知るということほど楽しいことはない。これは動物園でも全く同じだ。

　二つ目は、「伝える」場所であることだ。動物園も大学も、多くのことを学ぶことができるのは、伝える努力をしているからだ。当然、何かを伝えるためには研究をしなければならない。動物園も大学も、「いのちを科学」しながら「いのちを伝える」場所である。

　さらに、いのちを「守る」場所であることも共通点だ。多様ないのちを守りつつ、その結果を社会に還元していくことこそ大きな共通点であり、私たちの共通した使命である。

　もちろん、大きな違いもある。大学は野生動物を研究するといっても、大学には野生動物がいない（野生動物みたいな先生はいるが…）。研究対象である野生動物が身近にいないのは、大学の決定的な欠点だ。でも専門の研究者はたくさんいる。日本獣医生命科学大学は動物専門の大学で、いろいろな分野の専門家が100名以上いる。これだけの専門家集団が団結して問題解決に取り組めば、

ものすごいことができるかもしれない。ここは大学と動物園の大きな違いである。

　一方で、動物園には学生がいない。もちろん、飼育実習などで多くの大学生が動物園にお世話になっているが、大学のように何千何百人もが常時いるわけではない。学生は自由だ。本当にいろんなパワーを持っている。学生たちは、いろいろな力を発揮してくれる可能性を秘めている。これが大学の特徴である。

　このように動物園と大学には共通点も多いが、相違点もたくさんある。だからこそ、動物園と大学がいっしょになって行動したら、全く想像がつかないような何か新しいことができるのではないかと期待している。

　今回の共同事業に取り組んだ日本獣医生命科学大学、井の頭自然文化園、多摩動物公園は、それぞれ長い伝統を持っている。いのちと共に歩んできた知識と経験の年数は、3機関全部足すと252年にもなり、とてつもない大きな財産をもっている。これを是非、社会に還元していきたいと考えている。しかし、この3機関だけでは力不足かもしれない。幸い、多摩地域だけでも動物園が3つ、さらに約70の多様な分野の大学がある。今後、この中から私たちの輪に加わっていただけたらと期待している。そして、これまで紹介した様々な問題をいっしょに解決していただきたいと思っている。

3. 動物園と大学による保全活動

　さて、連続講座第1回のテーマは、「いのちを守る」である。ここでは、実際に動物園と大学がいっしょになって野生動物を守っている事例を紹介しよう。

　オーストラリアのタスマニア島には、タスマニアデビルという絶滅危惧種が生息している。タスマニア島は、オーストラリア大陸の南側にある島で、面積は北海道の8割程度である。人口は約40万人で、独自の豊かな自然があり、世界自然遺産にも登録されている。

　しかし、タスマニアデビルは、あと10～15年で絶滅するおそれがあると言われ、多くの組織が協働して、「セイブ・ザ・タスマニアデビル」というプロジェクトを起こして保護活動を展開している。

　実はこのプロジェクトは、地元の大学、政府、オーストラリアの動物園、これらが連携して行っている協働事業である。オーストラリアの空港などに、タ

図10 タスマニアデビルの募金箱

スマニアデビルをかたどった大型の貯金箱のようなものを置き（図10）、募金するとこのプロジェクトに寄付される仕組みだ。プロジェクトの事務所はタスマニア大学の中にある。大学がお金を集め、世界中の研究者を集めて必要な研究を展開し、そして動物園と連携した保護活動を行っているのである。

なぜ、危機に瀕しているのか。図11は、野生のタスマニアデビルの顔写真だが、潰瘍のようなものが出ている。これは顔面にできた癌なのだが、なんとこの癌は他の個体に感染することがわかっている。この疾病はデビル顔面腫瘍症（DFTD: Devil Facial Tumor Disease）と呼ばれ、致死率は100％近いと推定されているのだ。

図11 DFTD（デビル顔面腫瘍症）の発症個体

この世界でも他に例を見ない感染する癌が、タスマニアデビルを絶滅に追い込んでいる。10年くらい前までは、この疾病は島の北端地域に限定されていたそうだが、徐々に感染が広がって、もう島の半分以上まで広がっている。島の西半分は世界自然遺産に登録されていて、最後の聖域といわれた原生地域にまで、この疾病が侵食している。いまだに原因も治療法もよくわかっていない。

しかし、放置すれば絶滅することが確実視されているため、現在、感染していない幼獣を捕獲して、家畜の検疫施設だったところに保護収容を始めている。ここでは検疫が行われ、罹患していないと確認された個体をオーストラリア本土の動物園に送って、飼育下で繁殖させようとしているのだ。オーストラリア

の動物園全体で、約400頭の飼育下繁殖集団を作れば、万一、野生で絶滅した場合でも、飼育下の個体を将来野生に帰せば絶滅を回避できると期待されている。こうした保全活動は、研究機関である大学と、飼育や繁殖のプロ集団である動物園、さらには機動力となる行政機関がタッグを組んだからこそ実現したプロジェクトだ。

同様な取り組みをしていかなければならない状況は、日本も変わらない。ただ、タスマニアの例もそうだが、動物園と大学だけでは野生動物を守ることはできない。一番重要なのは、生息地域である。だから、野生動物が生息している土地に暮らす人々と連携していろいろなことをやっていかなければいけない。これが、私たちにとって今一番必要なことだと思う。

もちろん、野生動物を保護するだけでいいわけではない。地域の人たちが未来永劫、野生動物たちと関わっていかなければならないので、そこの地域で経済を潤す、または、保護の活動からビジネスを生み出す、といったことが保護活動を永続的に行うために必要なことだ。さらには、いのちを育む文化を生み出すことも

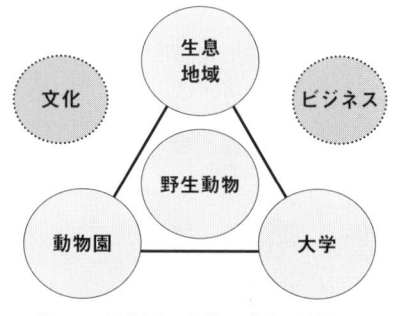

図12 動物園・大学・生息地域とのトライアングル

必要だ。野生との共存が社会の文化になって、地域に根付くことで真の共存が図れるのだと思う。そのためには、地域と動物園と大学がトライアングルをつくり、連携して活動することが必要だ（図12）。

国内でも、そうした事例がいくつかある。私たちの大学が直接関わっているものとして、ツシマヤマネコの事例をご紹介する。

ツシマヤマネコは、あと数十頭しかいないかもしれないのに、毎年、5～7頭が交通事故で命を失っている。さらに、ツシマヤマネコと同じ場所にノラネコがいる。出会えば、当然けんかをする。けんかをすることによって、イエネコがもっている病気がヤマネコに感染する。その中でとくにおそろしい病気、FIV（ネコの免疫性不全ウイルス、いわゆるネコのエイズ）がイエネコからヤマネコに感染した。これは世界で唯一の事例である。これに対して、どう対処

したらよいのか。未知の世界に挑戦していかなければならない。

　動物園も一生懸命努力している。1996年からヤマネコを飼育下で増やして、将来、万が一絶滅したときにもう一度島に戻すために、福岡市動物園で繁殖が始まった。しかし、1カ所の動物園で一つの種を存続することはとてもできない。スペースも限定されるし、数頭の野生個体から殖やしたとしても近親交配が進んでしまう。ではどうするのか。

　これらの課題に対して、それぞれ多くの関係者が努力してきたが、2000年代に入ると南の島ではヤマネコがほとんど確認されなくなった。こうした状況を改善するにはどうしたらよいかを模索していく中で、一つの結論として、関係者がとにかく集まって知恵を出し合い、そして同じ方向を向いていっしょに行動していこうということになった。

図13　ツシマヤマネコ保全計画作り国際ワークショップの様子

　2006年に、動物園、大学、地域の関係者、そして行政、多様な主体が関わって、話し合いを持った。丸三日間、関係者100名以上を缶詰にして、議論した（図13）。そこには、島の子どもたちも参加してくれた。その結果、飼育下繁殖については、全国の動物園が協力をして、ツシマヤマネコを守っていこうということになった。そこで新たに、井の頭自然文化園（東京都）、よこはま動物園ズーラシア（神奈川県）、富山市ファミリーパーク（富山県）に分散して、繁殖させることになった。

　また、2010年度からは、地元長崎県の佐世保市九十九島動植物園でも新しい繁殖施設を作っていただいた。ここは西海国立公園の中にあり、日本でたぶん一番、景色がいい動物園だと思う。ここには対馬の動物たちが飼われている。例えば、対馬は対州馬という在来の馬を家畜にしていた。その対州馬などを展示しながら、動物園に来られた方々に対馬のことを知っていただいている。全国

の動物園がこうしたことを始めると、日本中の人がヤマネコのことを知るきっかけとなる。

実は東京ディズニーランドの入園者数よりも、日本の動物園の全体の入園者数の方が、はるかに多いのだ。ある意味、動物に関わる最大のメディアが動物園だ。全国の動物園が、ヤマネコの保護に取り組むことは、国レベルの保護対策や地域の振興をバックアップするための大きな力となるだろう。

4. 野生復帰への挑戦

2012年度から、環境省が動物園で繁殖したヤマネコたちを野生に帰すための訓練施設を現地に建設することになった。もし実現すれば、わが国の哺乳類で初めての野生復帰となる。当然、すべてが未知の分野で、大学も動物園も精力的に研究や技術開発に取り組む必要がある。

図14　コウノトリの野生復帰

すでに鳥類では、2005年から兵庫県豊岡市でコウノトリの野生復帰が始まっている（図14）。そして、ついに2007年、野生復帰させたペアから雛が誕生し、巣立っていった。1971年に絶滅した鳥が、48年ぶりに次世代を生み出すことに成功した。今、日本全体で40羽まで回復した。一方、新潟県の佐渡では、2007年に日本を象徴するトキの野生復帰が始まった。ようやく2012年に野生での繁殖に成功し、徐々に増えることが期待される。

トキやコウノトリが野生に帰る場所は、私たちが暮らす身近な環境だ。田んぼとか湿地帯を彼らはすみかにしているからだが、だからこそ人間の影響が大きく、滅びてしまった。そこで、こうした動物を野生に帰すことで、もう一度、彼らも人間も住みやすい環境を作り直す必要がある。つまり、野生復帰とは、動物を野に放つことではなく、豊かな環境や文化を取り戻すための取り組みなの

である。

　トキやコウノトリが暮らせる環境は、なるべく無農薬の田んぼ作りをしなければならない。しかし、農家の方は草取りの手間が増えたり、収量が減ったりと、いいことばかりではない。そのため、そこで生産された米を消費者が高く買って、価格を維持する仕組みが必要で、これこそがこれからの日本の農業を一から考え直すきっかけになるだろう。すでに、農家と消費者が繋がって、新たな希少動物ブランド米が各地で生まれている。例えば、佐渡市では、トキが暮らせる田んぼを作れば作るほど農家の方の収入が増えるという、新たな経済の仕組みが検討され始めている。

　ツシマヤマネコに関しても、ヤマネコ米を作っている（図15）。ヤマネコなので山にいると普通の方は思われるが、実は田んぼにいる「田ネコ」なのだ。これらの商品を買うことで、全国の消費者が地域を支え、希少動物を守ってゆくことが可能になる。だれにでもできる保護活動だ。

図15　ツシマヤマネコ米と栽培水田

　井の頭自然文化園はヤマネコの飼育下繁殖に取り組んでいるが、多摩動物公園でも、コウノトリやトキを飼育し、日本でも最大規模の飼育施設として中核機関になっている。おそらく、将来的には、カワウソをはじめ多くの絶滅した野生動物の野生復帰が計画されてゆく時代がくるだろう。これらの野生復帰を成功させるには、動物園、大学、地域によるトライアングルが重要になる。

　もっとも、1カ所の地域で野生に帰せるのはせいぜい数十個体だ。それだけでは安定した種の存続はありえない。広域的に連携した取り組みを展開してゆかなければ、いつまでたっても絶滅の危機は終わらない。

　実は、関東地域でトキやコウノトリが暮らせる環境を再生させようという取り組みがすでに始まっている。おもに利根川や荒川の水系に位置する29市町村が連携して、構想を練っている段階だ。中核的な場所にある千葉県野田市では、

早ければ2012年度に野生復帰に向けた施設を設置して、ここから徐々に野生に帰そうということが計画されている。野田市には首都圏とは思えないような豊かな田園環境がある。関東の中でも、こういった場所は探せばまだまだある。ただ、放置すれば住宅地になったり、工場が建ったりして、生態系が復元できない場所になってしまうかもしれない。今だからこそ間に合う。

　動物園も大学も、こうした地域と協働して、野生との共存を目指した地域と自然の再生に取り組み、率先して行動する必要があると考えている。この連続講座では、そのための議論を大いにやりたいと思っている。ただ、動物園と大学が議論しているだけではあまり大きな発展はないかもしれない。むしろ参加者のみなさんが、化学反応の触媒となることで、想像もつかないような新しいアイデアとか文化を生み出せると期待している。

第2章

生物多様性と動物園・水族館の役割

———————————— 恩賜上野動物園　土居利光

1. 今日の課題

　動物園とは一般的には「各種の動物を集め飼育して一般の観覧に供する施設」、また、水族館は「博物館の一。水生生物を収集・飼育し、それを展示して公衆の利用に供する施設。併せて、資料の調査・研究をする」(両者とも広辞苑)とされている。ここでは動物園のレクリエーション的要素が、水族館では研究的要素が強調されていることが窺えるが、現代の動物園・水族館の役割は、次の四つとするのが関係者の間では定説となっている(図1)。

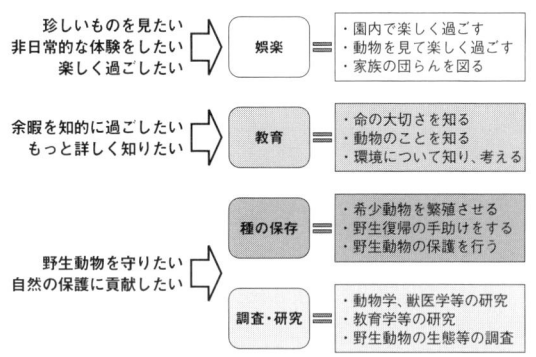

図1　現代の動物園に求められるニーズと機能

① 飼育動物の展示を通して知的な娯楽を提供するレクリエーションの場
② 野生動物の保全や自然界への復帰などの自然保護に貢献する場
③ これらを含めた動物に関する知識を教育する場
④ 以上の役割を円滑に進めるための研究の場

　これまでは、この四つの役割のうち、レクリエーションの場としての役割の比重が高いことが指摘されていたが、今日では野生動物の保全に関する役割が大きく着目されるようになってきている。これは、一つには国内外の野生動物

や生物多様性を巡る動向が、もう一つはそれに伴う動物園・水族館自らの姿勢の変化が土台になっている。

特に動物園に関しては、保全に関わることが当然のこととして重要視されているが、これには次のような理由がある。つまり、動物園は基本的に動物を展示することによって成り立っている施設であるが、近年では動物を自然界から確保することが難しくなってきており、このため動物園の間での交換等によって動物の飼育・繁殖を行い、その成果を展示することがいわば常識化してきている。この動物のなかには、展示に対する関心を高める効果もあることから、希少種とされる動物も多く含まれており、結果として生息域外における保全への取り組みがなされることになる。さらに希少種などの保全においては、対象となる動物の本来の生息地における保全が基本とされるため、生息地における保全に対する支援や連携などが行われるようになってきた。

2. 保全という言葉の意味

動物園・水族館における「野生動物の保全」が重要視されるようになってきたと述べたが、保全の意味について整理しておく必要があろう。日本においては、保全という言葉は自然保護の考え方と強く結び付いて使用されてきた。もともと自然保護という言葉は、立場によって捉え方が異なるような曖昧な概念であり、一つの方向性として理解される面も否定できないが、最初に自然保護の視点から保全の意味を整理することとする。

自然保護を、その内容に着目して生物愛護（Prevention of Cruelty to Living things）、自然保全（Nature Protection）、環境保全（Nature Conservation）と分ける考え方もあるが、自然保護を保護する対象に対する人間の関与の度合いを視点として、幾つかの異なった概念に分けることができる。それは Protection、Reservation あるいは Preservation、Conservation の三つである。Protection とは、保護する対象を攻撃などから防ぐ、守るということで、外界からの悪い影響が及ばないように自然を厳重に守っていくということを示している。これに似ているが、Reservation あるいは Preservation は危害を避けて安全に保つことを意味しており、自然のそのままの状態を維持しながら保存するという内容を持っている。一方、これらと違って Conservation とは働きかけるという内容

を持った概念で、適切な管理の元での保全を意味している。

　ヨーロッパのように自然の改変が進んでしまった地域においては、Protection とか Reservation という形で自然保護が図られてきたが、アメリカなどの広大な国土を有する地域では、Conservation という形での自然保護が行われてきた。1872 年に世界で最初の国立公園として誕生したアメリカの Yellowstone National Park の設置法においては、それまでは地下資源や工業原料などに対して使用されていた Conservation という概念を、森林や渓谷などの自然に対しても適用した。つまり、一定の地域をレクリエーションのために、自然を損壊することのない適正な方法手段で利用するという方針が示されたのである。

　現在では、Conservation という考え方が自然保護の基本的な姿勢として世界的にも支持されている。例えば、1947 年に設立された International Union for the Protection of Nature（国際自然保護連合）は、1956 年には International Union for Conservation of Nature and Natural Resources と改称されている。ここで言う「自然および天然資源の保全」には、自然を常に豊かな状態に保ち、それを枯渇あるいは疲弊させることなく豊かな状態のままで、活用し将来に伝えるという内容がある。つまり Conservation を考え方の基礎にした自然保護においては、利用（Utilization）、管理（Management）、規制（Control）、生産（Production）などの機能も含まれている。

3. 保全が必要とされる理由

　自然保護については、表層的には開発などによる自然地の破壊や喪失を原因として問題が顕在化する。しかし、自然保護の問題とは、基本的には人類の人口増加による自然への過度な作用と考えることができる。人類は今日に至るまで、人口を増加させ続けてきた。人口の増加に伴う資源の枯渇や食糧の不足などの生存に対する危機は、人類が生存していく上で常に存在してきたのだが、自然地を改変するとともに農業技術や工業技術といった科学工業的技術に依存する形で乗り切ってきているといえよう。

　地球温暖化などの今日の環境の課題は、こうした科学工業的技術に依存した社会の体系への疑義を含んでいる。今、必要とされるのは、自らが住んでいる

土地をしっかり見据えながら、地球の生態系が健全に維持されるように生物的な生産性を基礎に置いた生活態度と生活様式を選択し、それに向けて努力を傾けていくことである。将来も人類の生活の基盤として守り続けなければならない自然を、共通の財産として管理し、育成し、活用し、次の世代に引き継いでいくことが今日的な重要な課題となっている。自然保護とは、単に自然地を守るという行為や事象を指すだけでなく、環境保全や資源の維持をも含んだ総合的な立場なのである。つまり、自然保護とは、自然資源を活用している人類のモラルであり、生活様式でもある。

　自然を対象とするとき、それを生物的自然と非生物的自然とに分けることも可能である。生物的自然とは植物や動物などを指し、非生物的自然には土壌や水、大気などが挙げられる。これらは本来、総合的に保全されるべきものであるが、現実的には対処療法的に個々に対応せざるを得ないことが少なくない。動物園や水族館における動物の保全とは、こうした性格を持っている。

4. 自然保護と生物多様性

　自然保護などの環境問題は、地域的な問題として顕在化するが、汚染問題や渡り鳥保護に関する課題などに示されるように、広域的、あるいは国際的な問題として現れる側面をも持っている。国際的な問題として環境問題が取り上げられるようになるのは、1950年代に入ってからであり、海洋生物資源や海洋汚染防止に関する問題が二国間あるいは多国間で発生するようになった。

　1962年、アメリカの海洋生物学者レイチェル・カーソンによる「沈黙の春」(Silent Spring) が出版された。ここに書かれているのは農薬や殺虫剤などの化学物質が生態系に与える悪影響への警告であり、生態系やその構成員としての人間に焦点を当てている点において、その後の環境保護の動きの先駆けとなった。1970年代に入ると、環境問題に関する国際的な議論の高まりがみられるようになる。1972年には「特に水鳥の生息地として国際的に重要な湿地に関する条例」(ラムサール条約) が採択されている。

　自然保護の面で特筆すべきは、同年にストックホルムで開催された人間環境会議である。この会議は「かけがえのない地球」(Only One Earth) を標語して環境問題を題材とした最初の国際的な会議であった。この会議において採択

された行動計画には、「世界の自然及び文化遺産の保護」に関する協定案をユネスコ総会で採択すること、また「特定の野生動植物の輸出、輸入及び移動に関する協定」を策定し採択するための会議を招集することなどが盛り込まれており、これらが元となって次の条約として実を結ぶことになる。1972年のユネスコ総会においては「世界遺産条約」が採択され、1973年には「絶滅のおそれのある野生動植物の種の国際取引に関する条例」（ワシントン条約）が採択されたのである。これらの条約について、日本は前者を1992年に、後者を1980年に批准している。

1980年になると、国連環境計画、国際自然保護連合、自然保護基金により「世界保全戦略」（World Conservation Strategy）が公表された。この副題は「Living Resource Conservation for Sustainable Development」となっており、「持続可能な開発」の考え方が初めて提唱されている。また、目的には、① 必要不可欠である生態学的な過程と生命を支えるシステムを維持すること、② 種の多様性を保全すること、③ 種と生態系との持続可能な利用を図ること、という主要な目標を達成することが挙げられ、遺伝子の保全に関して生息域内保全と生息域外保全の概念も導入されている。この後、1992年には「環境と開発に関する国際連合会議」が開催されているが、この会議の期間中に「気候変動に関する国際連合枠組条約」と「生物の多様性に関する条約」（以下、「生物多様性条約」という。）への署名も行われた。この二つの条約について、1993年に日本は批准している。

その後の国際的な動向もあるが、現在の動物園や水族館で行われている野生動物の保全などについては、以上のような経緯と考え方を踏まえて実施されるようになってきている。

5. 生物多様性とは何か

生物多様性（biodiversity）とは、生物学的多様性（biological diversity）の省略語であり、1986年に公式に初めて使用された。「生物多様性条約」においては、次のような定義となっている。

「生物の多様性」とは、すべての生物（陸上生態系、海洋その他の水界生態系、これらが複合した生態系その他生息又は生育の場のいかんを問わない。）の間の

変異性をいうものとし、種内の多様性、種間の多様性及び生態系の多様性を含む。(環境省ホームページ。アクセス日 2011/09/12。http://www.biodic.go.jp/biolaw/jo_hon.html)

つまり、生物多様性とは、一般的にいわれる種の多様性のほか、遺伝子の多様性や生態系の多様性などを含んでいる概念である。また、生態系については「植物、動物及び微生物の群集とこれらを取り巻く非生物的な環境とが相互に作用して一つの機能的な単位を成す動的な複合体」とされている。

その前文では、生物の多様性の意義についても述べられており、生態学、遺伝、社会、経済、科学、教育、文化、レクリエーション、芸術などの面で価値があるとともに、進化と生命保持のためにも重要であると指摘している。同様に「絶滅のおそれのある野生動植物の種の国際取引に関する条約」(ワシントン条約)においても、「美しく多様な形態を有する野生動植物が現在及び将来の世代のために保護されなければならない地球の自然体系のかけがえのない一部であることを認識し、野生動植物についてはその価値が芸術上、科学上、レクリエーション上及び経済上の見地から絶えず増大するもの」(経済産業省ホームページ。アクセス日 2011/9/12。http://www.meti.go.jp/policy/external_economy/trade_control/boekikanri/download/cites/2010/20100831_215_ci.pdf)としている。

生物多様性条約では生物多様性の保全のための基本的な要件として、「生態系及び自然の生息地の生息域内保全並びに存続可能な種の個体群の自然の生息環境における維持及び回復である」ことを挙げているが、当然のことでもあり、しっかりと認識しておく必要があろう。

6. 生息域内保全と生息域外保全

生物多様性条約において述べられている生息域内保全とは、「生態系及び自然の生息地を保全し、並びに存続可能な種の個体群を自然の生息環境において維持し回復することをいい、飼育種又は栽培種については、存続可能な種の個体群を当該飼育種又は栽培種が特有の性質を得た環境において維持し及び回復することをいう。」とされている。基本的には生物多様性の保全とは、動植物が生息・生育している生息環境を維持することにある。

しかし、開発や気候変動などにより生息地における保全が難しくなってきている種、あるいは人間の乱獲などにより絶滅の危機にある種など、生息域内保全が実施しにくくなっている種が存在することも事実である。こうした場合、そうした種を生息地から離して、動物園や水族館で守っていくことも選択肢の一つとなる。これが生息域外保全である。

条約第9条には、生息域外保全に関して締結国が生息域内における措置を補完するために行うこととして次の点など五つの事項が定められている。

(1) 生物の多様性の構成要素の生息域外保全のための措置をとること。この措置は生物の多様性の構成要素の原産地においてとることが望ましい。
(2) 植物、動物及び微生物の生息地域外保全及び研究のための施設を設置し及び維持すること。その措置及び維持は、遺伝資源の原産国において行うことが望ましい。
(3) 脅威にさらされている種を回復し及びその機能を修復するため並びに当該種を適当な条件の下で自然の生息地に再導入するための措置をとること。

この「生息域外保全及び研究のための施設」としての役割を果たそうとしているのが、動物園・水族館である。動物園が持つ四つの役割のうち、今日では野生動物の保全に関する役割が大きく着目されるようになってきている理由の一つでもある。

7. 日本の動物園の法的位置付け

動物園は、その性格について日本の法律体系からみると、教育を受け持つ施設に位置付けられていると考えることができる。日本における教育に関する法律では、教育の目的や理念などを定めた教育基本法が中心に位置している。これを受け、学校の設置・運営などを規定するための学校教育法、教育職員の免許に関する基準を定めた教育職員免許法などのほか、社会教育について定めた社会教育法などが定められている。動物園は基本的にはこの社会教育法を基礎にした施設である。

教育基本法では、「人格の完成を目指し、平和で民主的な国家及び社会の形成者として必要な資質を備えた心身ともに健康な国民の育成を期して行わなけれ

ばならない。」(法第1条)と教育の目的を述べた上で、教育の実施に関する基本として、義務教育や学校教育、社会教育など11のカテゴリーについて考え方が記されている。これらのうち、社会教育は「図書館、博物館、公民館その他の社会教育施設の設置、学校の施設の利用、学習の機会及び情報の提供その他の適当な方法」(教育基本法第12条第2項)によって振興を図ることとされている。

教育基本法を受けて定められた社会教育法は、「教育基本法の精神に則り、社会教育の国及び地方公共団体の任務を明らかにすること」(法第1条)がその目的とされており、教育委員会の社会教育に関する事務、教育主事の設置、公民館の設置などの規定が定められている。法律上、「社会教育」という用語については「学校教育法に基き、学校の教育課程として行われる教育活動を除き、主として青少年及び青年に対して行われる組織的な教育活動（体育及びレクリエーションの活動を含む。）」(社会教育法第2条)としている。また、国及び地方公共団体の任務については、「社会教育の奨励に必要な施設の設置及び運営、集会の開催、資料の作成、頒布その他の方法により、…自ら実際生活に即する文化的教養を高め得るような環境を醸成するように」(社会教育法第3条)努めるとされた。

社会教育法では、図書館及び博物館を社会教育のための機関としている（法第9条）。さらに、これらについての必要な事項は別に法律をもって定めるとしており、図書館法及び博物館法が定められている。博物館法において動物園は博物館の一種として位置付けられており、一般的には「博物館に相当する施設」とされることから、法体系的からみると一義的には社会教育のための施設に位置付けられていると考えるべきであろう。

動物園が博物館に該当するという直接の表現は博物館法にはないが、博物館法に基づく「公立博物館の設置及び運営上の望ましい基準」(平成15年6月6日文部科学省告示第113号)や、

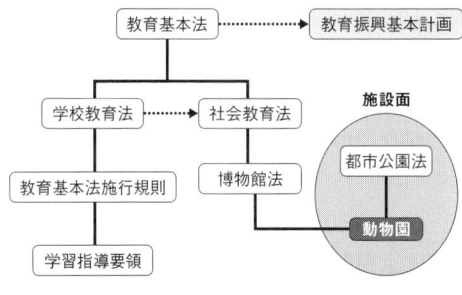

図2　動物園・水族館の法体系上の位置

これ以前の基準である「公立博物館の設置及び運営に関する基準」（昭和48年11月30日文部省告示第164号（平成15年廃止））においては、動物園が博物館の一つであることが自明のこととして扱われている。ただし、博物館としてというよりも、博物館に相当する施設としての指定を受けるのが一般的である（図2）。

8. 博物館法が期待する動物園の役割

博物館法は、社会教育法の精神に基き、博物館の設置及び運営に関して必要な事項を定めたもの（法第1条）であるが、ここで博物館とは、「歴史、芸術、民俗、産業、自然科学等に関する資料を収集し、保管し、展示して教育的配慮の下に一般公衆の利用に供し、その教養、調査

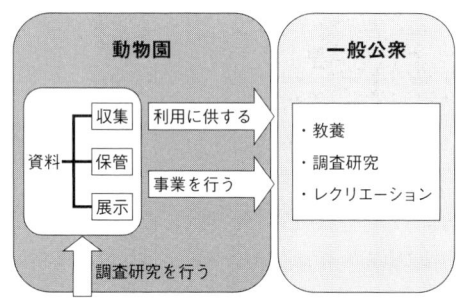

図3　博物館法が博物館に期待する役割

研究、レクリエーション等に資するために必要な事業を行い、あわせてこれらの資料に関する調査研究をすることを目的とする機関のうち、地方公共団体、一般社団法人若しくは一般財団法人、宗教法人または政令で定めるその他の法人が設置するもの」で登録を受けたもの（博物館法第2条）とされている（図3）。

つまり、博物館は、その「資料」について、① 一般公衆の利用に供し、② 一般公衆の教養等に資する事業を行い、③ 調査研究を行う機関ということになる。法においては、博物館の事業を列挙するとともに、事業を行うに当たっては、「土地の事情を考慮し、国民の実生活の向上に資し、更に学校教育を援助し得るようにも留意」すべきとしている。

冒頭で述べたように現在では動物園の機能を ① レクリエーション、② 自然保護、③ 教育、④ 調査研究とするのが通説となっており、博物館法が予定する博物館の機能にほぼ等しい。明確な違いは、自然保護という機能であり、これは動物という生きた資料を取り扱う特殊性からきている。さらに、野生生物の絶滅の危機に直面しているなど、自然保護からの視点の事業展開の重要性が

高まってきている状況がその背景にあろう。

9. 動物園が対象とする動物

　動物の虐待防止や動物の適正な取り扱いなど動物の愛護に関する事項を定めた法律に「動物の愛護及び管理に関する法律」（以下、「動物愛護法」という）がある。この法律における動物とは、特段の規定もないことからすべての動物を対象としているようにもとれるが、法律の基本に人との関わりが想定されているため、人との関わりのない野生の環境にある動物は対象としていないと考えることができる。ここでは、動物愛護法に沿って動物園や水族館が扱う動物の概念について整理した。

　動物愛護法では、まず動物の所有者または占有者の責務と動物販売業者の責務を定めているが、そのほかに動物を扱う者に関して動物取扱業という分類を設けている。法のいう動物取扱業とは、販売（動物の小売や卸などを行う業）、貸出（愛玩、撮影などの目的で動物を貸し出す業）、保管（顧客の動物を預かる業）、訓練（顧客の動物を預かり訓練を行う業）、展示（動物を見せる業）などの業種であり、動物園・水族館は動物の展示を行うことから一般的には展示を行う業者ということになる。ただし、業ということであるので、動物の取扱を継続反復して行う者を指し、例えば料金など費用を取らないなど業としない者は該当しないこととなる。

　動物取扱業として規制の対象となる動物は、法第10条に定められており、哺乳類、鳥類、爬虫類に属する動物であるが、次の動物は除外されている。まず畜産動物と呼称される動物であり、乳、肉、卵、羽毛、皮革、毛皮などの畜産物の生産を目的とした動物や、乗用、役用、競争などの動物の力の利用を目的として飼育される動物が該当する。具体的には牛、馬、豚、羊、山羊、鶏、家鴨などである。さらに、ペットである犬や猫などの

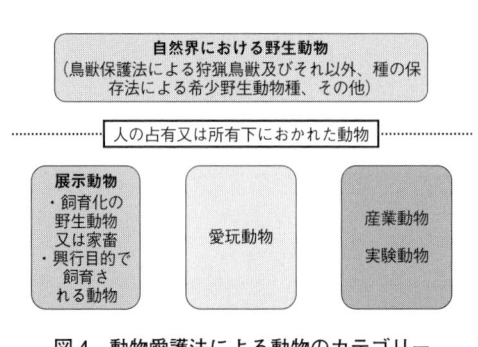

図4　動物愛護法による動物のカテゴリー

愛玩動物、実験などに利用される動物も除外されている。つまり、動物を大きく自然界における野生動物と人間の直接の影響下にある動物とに分け、後者について、展示動物、愛玩動物、産業動物などに分類している（図4：「改正動物愛護管理法」2001.動物愛護管理法令研究会編を参考に作成した）。動物園が対象とする動物は、動物愛護法においては展示動物ということになり、飼育されている野生動物や家畜が該当することになる。こうした分け方は、人間の動物に対する関わり方に従ったものであるが、本来は保全や教育、普及といった動物園の使命を達成するために飼育することが必要とされる動物、例えば野生馬であるモウコノウマと比較するための在来馬など、として捉えるべきであろう。

10. 生物多様性保全における動物園・水族館の役割

　日本における法的な位置付けなどを前提としつつも、動物園・水族館は生物多様性保全に対して次の四つの分野にわたり関わりを持っている。それは、① 情報の収集と提供及びそれを元にした教育と普及、② 科学的な知見の蓄積及び研究、③ 絶滅危惧種などの生息域外保全、④ 飼育展示動物を媒介とした生息域内保全への協力、である。

　動物園・水族館が飼育する動物種およびその情報を収集することは、最も基本的なことであり、責務となっている。最近では、動物だけでなく、その動物が生息する地域や人々の関わりなどの情報も幅広く集め、提供することが重要となっている。このような情報の収集及び提供に当たっては、当然のことながら調査研究活動が伴うこともあり、その地域の動物種の場合には生態系の把握などを含めて積極的に進めなくてはならない。

　多くの人々が動物園・水族館に訪れることを考慮すると、教育と普及に大きく寄与できる状況にある。さらに都市化の進行により多くの人々が都市に居住するとともに、農村地域に住む人々も都市的な生活をするようになっているため、野生動物を直接的に知る機会がなくなっている。こうしたことから、動物園・水族館は、自然保護や野生動物の保全についての教育、情報の提供などに最も適した立場となっている。

　科学的な知見の蓄積及び研究については、動物園・水族館運営の土台となる性格を持っているとともに、二つに大きく分けることができる。一つは飼育下

における分野であり、他は野生における情報の収集と飼育下での応用という分野である。前者には獣医学や解剖学、動物分類学などのほか最近では遺伝学や生理学などの研究領域が挙げられるだろうし、後者は生態学や社会科学などが該当する。野生動物保全の役割の比重が大きくなるに従って、こうした後者の研究の重要性も高まっている。

　生息域外保全については先に述べたとおりであるが、今日では絶滅危惧種の動物園・水族館での飼育下繁殖個体群の維持は動物園の重要な事業の一つとして理解が得られるようになってきた。野生で絶滅した種であるが動物園において飼育下個体群として維持されているものには、例えば多摩動物公園などで飼育されているモウコノウマやシフゾウ、シロオリックスなどが挙げられる。

　生息域内保全への協力は、今後とも必要な事項であるとともに、その重要性が大きくなっている。計画的な野生動物保全のために必須であり、こうした活動の結果は教育普及に活かすことが重要である。

第3章

生息地と協働した保全活動

~イモリやトキを例として

――――――――――――――――― 井の頭自然文化園　成島悦雄

1. 都立動物園と保全活動

　都立動物園水族館には上野動物園、多摩動物公園、井の頭自然文化園と葛西臨海水族園の四施設がある。私の勤務する井の頭自然文化園の広さは11.55haで、多摩動物公園（52.4ha）の2割、上野動物園（14.2ha）の8割程度である。職員数をみると、井の頭は上野や多摩の半分以下だが、年間70万人を超える入園者があり、上野の年間入園者280万人には及ばないものの、多摩の年間100万人と比べると、とてもコストパフォーマンスの良い動物園といえよう。両園に比べると知名度が低いせいか、吉祥寺に素敵な動物園があるとご存じない方も少なくない。ぜひお出かけいただき、こじんまりした動物園の良さを味わっていただければと思う。

　動物園や水族館は、珍しい動物を見て楽しむレクリエーション施設として利用されることが多い。もちろん動物園水族館がレクリエーション施設としての機能を果たすことは大切だが、ほかにも大切な機能を果たしていることはあまり知られていない。地球上にいろいろな動物が網の目のようなネットワークをつくって相互に関係しながら暮らしていることを、生きた動物の展示を通して知ってもらうこと、展示動物を調査研究すること、野生動物を飼育繁殖させて守ること、野生動物とともに生きることの大切さを人々に伝えることなども動物園水族館の大切な機能といえる。

　ここでは、無脊椎動物のオガサワラシジミ、魚類のメダカ、両生類のイモリ、鳥類のトキ、哺乳類のツシマヤマネコなどを例として、都立動物園水族館が地元をはじめ大学等の研究施設や関係団体などと協働して取り組んでいる保全活

動を紹介したい。

2. 域内保全と域外保全

　域内保全、域外保全、初めて耳にする用語かもしれない。ていねいに言えば生息域内保全、生息域外保全となる。

　域内保全は生息域内、つまり野生動物が住んでいる生息地で動物を守っていくということである。域内保全において動物園は、野生動物を飼育することを通して蓄積してきた知見を応用することで貢献できる。具体的には以下のことを挙げることができる。調査のために捕獲した野生動物の繁殖状況や栄養状態をチェックする。野生動物に異常が見つかれば、原因を究明することで対策を考え、生息数の減少や絶滅を防ぐ。野生動物を生きたまま捕まえるためには、ワナをかけるとか、麻酔銃で撃って眠らせるとかの方法をとるが、動物園動物で培った捕獲技術を野生動物に応用する。

　域外保全は、動物園や動物園以外の繁殖施設等で、つまり生息地の外で飼育繁殖させて個体群を維持し、野生動物を絶滅から守ることである。飼育することによって得られる知見はたくさんある。トウキョウトガリネズミという体重2グラムくらいの世界で一番小さな哺乳類がいる。動物名にトウキョウと付いているが東京には生息していない。北海道に生息するモグラの仲間である。1906年にトウキョウトガリネズミが発見された時、標本ラベルに「エゾ（蝦夷）」と書くべきところを誤って「エド（江戸）」と書いたため、エドをトウキョウとして和名が付けられてしまった。現在、多摩動物公園が、北海道の浜中町との共同研究事業としてトウキョウトガリネズミを飼育しているため、名実ともに「トウキョウトガリネズミ」になった。この動物はとても小さいため野外での観察は困難だが、飼育下におくことで、いつどのように行動するか、何を食べているのか、食べる量はどのくらいかなどの情報が得られる。

　採血することで赤血球や白血球の数や血清の成分など血液性状が得られ、体温、心拍数といった生理的なデータも得ることができる。健康時のデータだけではない。どのような病気にかかるのか、病気になったときにどのような薬剤をどのくらい与えれば良いのかといったことも、動物園で知見を蓄積することができる。繁殖に関しては繁殖期にみられる行動、性ホルモンの動き、精子や

卵子を採集して人工授精などの繁殖技術の研究をすることも可能だ。飼育することで得られる情報は、思いのほか豊かである。

もちろん、野生動物は生息地で守ることを優先させるべきで、域外保全は域内保全の補完でしかない。飼育して得られる情報は野外に比べて不自然で、役に立たないという意見もあるが、これは一方的な見方である。飼育という条件をふまえて、飼育下で得られた情報をいかに域内の保全に役立てるか知恵を絞ることが大切である。

3. 人工繁殖技術の応用

2011年2月、3年ぶりに中国から上野動物園にジャイアントパンダがやってきた。大変な人気で上野では入園者数が急増しているという。ジャイアントパンダも繁殖が難しい動物の一つである。原因はオスとメスの相性が悪いためで、うまく自然交配を行わない場合が多い。繁殖期は春だが、メスがオスを受け入れるのは1年のうちでわずか1日しかない。相性が合わなければ繁殖は望めない。しかし、飼育下なら自然交配がうまくいかなくても、オスから精子を採取し、メスに人工授精することで繁殖の可能性を高めることができる。1985年に日本で初めて生まれたパンダの子どもも人工授精で誕生した。

人工授精の利点は、自然交配ができない個体の遺伝子を利用できることにある。例えば、オスの足が悪くてメスと交尾体勢をとれないことがあるが、そのオスの精子を採取して人工授精に用いることができる。つまり、自然交配にまかせていては利用できない貴重な遺伝子も、人工繁殖技術を応用することで有効活用できる。

つがい相手がいない場合や近親交配を避けるために、ある動物園から別の動物園に動物を移動して繁殖の機会を増やすことは珍しくない。動物の移動には危険が伴うほか、費用もかかる。ゾウを考えてみよう。ゾウの体重は3～7トンもある。このような大きな動物をトラックなどで移動するのと、冷凍精液を魔法瓶1個で動かすのとでは、移動に要する費用やエネルギーは大きく異なる。生きている動物を移動すると、当然その動物に寄生している寄生虫もいっしょに動くことになる。細菌やウイルスといった病原体も同様である。ヨーロッパの動物園で国境を越えてチーターを移動させたことがある。BSE（牛海綿状脳

症）が流行していた時期で、動物園動物にも発症がみられた。このチーターも受け入れ国で発症し、動物の移動と感染症の予防に課題を残した。しかし、精子のような配偶子なら移動に伴う病原体伝播の危険を少なくすることが可能だ。

4. 冷凍動物園

　オスから採取した精子を－196℃の液体窒素のタンク中で半永久的に保存することができる。いろいろな動物の精子を液体窒素中に保存する施設を冷凍動物園と呼んでいる。冷凍動物園というと、シベリアで発見された氷漬けのマンモスのように、いろいろな動物死体を集めて冷凍保存している施設と思われるかもしれない。しかし、実際は、ストローに注入した精液と緩衝液の混合液を、液体窒素中に凍結保存しているもので、将来、繁殖のために冷凍精液を解凍して人工授精に使うための施設である。

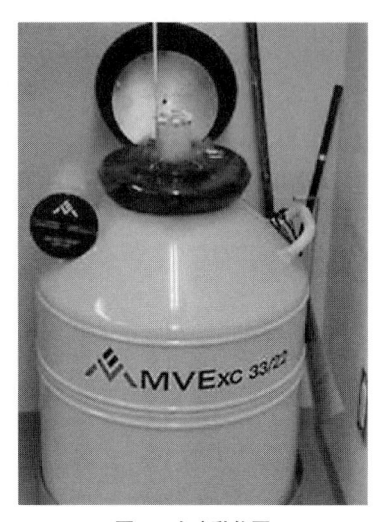

図1　冷凍動物園

施設というのは大げさで、大きな魔法瓶を想像してほしい（図1）。

　冷凍動物園では長期間の精子保存が可能となる。飼育繁殖の世代を重ねていくと、繁殖に使える飼育個体数に限りがあることから、やむをえず近親交配をしなければならない場面に直面する。近親交配を重ねると対立遺伝子がホモ化することで遺伝的多様性が減少し、生きていくうえで不都合な形質が現れることがある。このような場合、冷凍動物園に保存されていた精液を使うことで、遺伝的多様性が高かった数世代前に戻すことができる。例えば、繁殖させて10世代、100年間経過し、その間におきた近親交配により遺伝的多様性が減少してしまった場合、保存してある100年前の精子や卵子を使うことにより、遺伝的な多様性を100年前の状態に戻すことができる。冷凍動物園をうまく使うことで、すごろくでいえばふりだしに戻ることが可能となる。冷凍動物園は遺伝的多様性を維持する強力な武器になりうるため、動物園の世界では園をこえた協力による冷凍精液の貯蔵が行われつつある。

5. 飼育個体群の役割－絶滅の渦巻－

ひとたび個体数が少なくなった個体群は、手をこまねいていると絶滅に向かって渦巻状に突き進んでいく傾向がある。この現象を絶滅の渦巻という（図2）。生息地の消失、汚染、過度の狩猟、あるいは外来種との競争などにより、生息地の野生動物個体群は小さく分断され、孤立してしまう。その結果、近親交配が増加して遺伝的多様性が減少する。遺伝的多様性の減少は、繁殖率、生存率、環境に対する適応能力の低下を引き起こす。その結果、個体群は縮小していくことになる。小さな個体群では、生まれてくる子どもの性別が偏り、その後の配偶者選択の自由度を制限する。日本の人口は1億2000万人で、少子化が問題になっているが、それでも年間100万人以上の赤ちゃんが生まれている。生まれてくる赤ちゃんの性比はほぼ1：1である。ところが出生数が少なくなると、生まれてくる子どもの性比は男の子に偏ったり、女の子に偏ったりする。野生動物も同じで、1年間に10個体しか生まれなければ、オスばかり生まれたり、メスばかり生まれたりする可能性が高くなる。さらに、小さな個体群は、地震、津波、台風、火災等の環境変動の影響をもろに受ける。

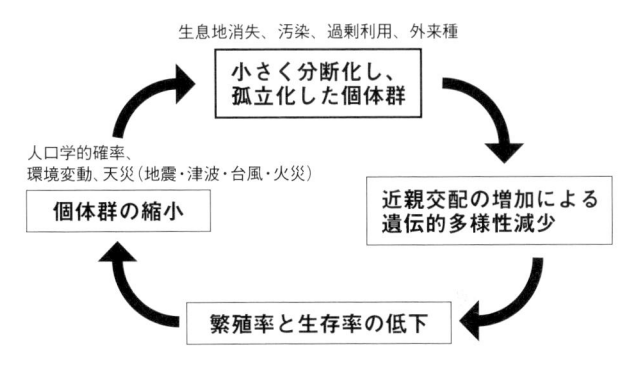

図2　絶滅の渦巻（Seal,U.S. 1990）

このように、小さくなった個体群は、絶滅に向かいつき進んでいく傾向にある。これをどこかの時点で止めないと、その生物は絶滅してしまう。絶滅の危険を分散する手段の一つが、飼育個体群を作ることである。多くの場合、飼育個体群は野生にいる個体に比べて数が少ない。しかし、適切な管理を行うことで、個体群が縮小する危険を減少させることが可能となる。

6. 飼育個体群を作る意味

　沖縄に生息する希少鳥類ヤンバルクイナを例として考えてみよう。沖縄ではヤンバルクイナがマングースやノネコに捕食される、あるいは車にひかれて事故死しているが、飼育下ではこのような危険はない。飼育下では安全な寝場所や適切な餌を提供することができる。ヤンバルクイナが病気になれば獣医師により治療を受けることができる。良好な管理により、野生下に比べ寿命が延び、生存率と繁殖率を増加させることができる。飼育個体群は野生絶滅に対する保険と言ってもよい。飼育個体群をつくる意味はそれだけではない。飼育下で増えた個体を野生復帰に使えるほか、飼育下におくことによって様々な研究ができ、その研究成果を野生個体群の保全に役立てることができる。

7. 動物園と域内保全、域外保全

　域内保全と動物園が行う域外保全の関係を考えてみよう。野生の動物は餌がたくさんあれば個体数が増える。餌が少なくなれば個体数は減る。山火事や台風があれば、その被害にあう個体もでる。野生の個体数は一定ではなく、様々な要因により常に変動している。一方、動物園の環境は野生に比べると安定している。

　絶滅のおそれのある動物を救うためには、まず、動物園に飼育個体群を確立する必要がある。飼育個体群の短所は、野生に比べ個体数が少ないことである。このため、飼育繁殖を続けていくと近親交配の結果、遠からず飼育個体群の遺伝的多様性が減少していく。このため、飼育個体群をつくる時だけでなく、遺伝的多様性を維持するために野生から個体を導入することも必要となる。野生からの導入は個体に限らず、精子や卵子といった配偶子でもよい。配偶子の導入なら野生の個体数に与える影響を最小限にすることができる。

　動物園における域外保全の取り組みは、地域で行われることが多い。必要に応じて地域間の協力が行われる。ここでいう地域とは、日本、東アジア、アジア、ヨーロッパといったレベルの地域である。図3を見ていただきたい。大きな●で示した敷地面積、財政規模、人材面で余裕のある規模の大きな動物園では希少種の飼育繁殖に取り組むことができる。小さな●で示した規模の小さな動物園は、規模の大きな動物園で増えて飼育できない希少種の受け皿となって

間接的に域外保全に貢献できる。

このようにして飼育個体群を維持する一方、飼育繁殖個体を野生に戻すことになる。生息環境は良好だが野生個体数が少なく、野生での個体群維持が困難な場合、飼育繁殖個体を野生に戻すことで、野生個体群の維持が可能になる。悪化していた生息環境が改善され、飼育繁殖個体の受け入れが可能となった段階で、野生に戻す場合もある。野生動物の保全は域内保全を優先して行うべきだが、絶滅のおそれが高い場合は、飼育繁殖による域外保全と連携することで、保全活動を効果的に進めるべきである。

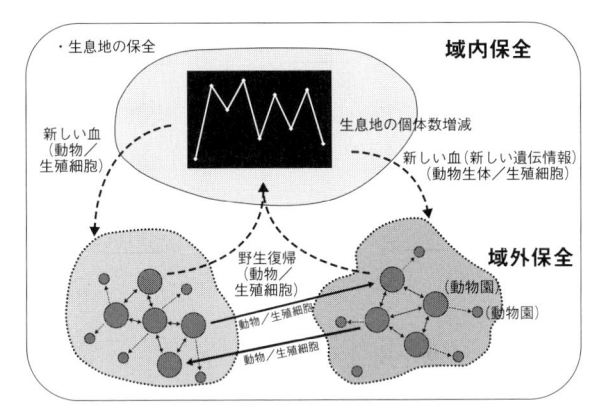

図3　域内保全と域外保全の関係
(世界動物園水族館保全戦略 WAZACS2005)

保全活動では野生動物をとりまく関係者の協力が必要である。行政、地域住民、研究者、飼育施設など多様な関係者の連携がないと野生生物の保全はうまくいかない。専門家といっても獣医学、遺伝学、生態学、分類学など生物系専門家ばかりでなく、社会科学系専門家の参加も必要となる。

8. 都立動物園の取り組み

都立動物園では、1989年にズーストック計画を策定し、ゴリラ、チーター、イヌワシ、ミヤコタナゴなど希少種50種を選び、動物園での飼育繁殖に取り組んできた。近年は外国産の動物だけでなく、オガサワラシジミ、東京産メダカ、アカハライモリ、トウキョウトガリネズミ、ツシマヤマネコなど日本産希少種について地元と連携した保全活動に取り組んでいる。

ここで希少種のレベルについて説明しておきたい。一口に希少種と言っても、生息状況にはいろいろなレベルがある。国際的には国際自然保護連合（IUCN）の種保存委員会（SSC）が、生物種を生息状況の程度により分類し、「絶滅のお

それのある生物種のレッドリスト」として報告している。それによると、すでに絶滅したと考えられる種は「絶滅（Extinct）」、飼育下でのみ生息している種は「野生絶滅（Extinct Wild）」となる。絶滅のおそれのある種は三つのカテゴリーに分けられている。ごく近い将来、絶滅するおそれの高いものは「絶滅危惧ⅠA類」、ⅠA類ほどではないが絶滅する危険性の高いものは「絶滅危惧ⅠB類」、絶滅の危険性が増大している種は「絶滅危惧Ⅱ類」に分類される。現時点で絶滅の危険性はないが、生息条件の変化により絶滅危惧ランクに移行するものは「準絶滅危惧（Near Threatened）」、今まで述べたカテゴリーにあてはまらないものは「軽度懸念（LC）」、生息状況を評価するために必要な情報が不足している種は「情報不足（Data Deficient）」となる。

　環境省が発表している日本産生物のレッドリストのカテゴリー分けも、IUCNのレッドリストとほぼ同じで、ニホンオオカミ、ニホンカワウソ、ニホンアシカなどは「絶滅」、野生復帰の試みがなされているトキは「野生絶滅」に分類されている。

8.1　オガサワラシジミ

　2011年6月に小笠原諸島が世界自然遺産に登録された。海によって隔たれた島々で、独自の進化を遂げた固有の生物や、それらが織りなす生態系を見ることができる価値ある地域であると認められたことによる。東京都に属する小笠原諸島は、東京から南へおよそ1000キロ行ったところにある。小笠原諸島は有史以来、大陸と陸続きになったことがない海洋島で、固有の動植物が多数生息している。しかし、人間が持ち込んだ動植物が原因で、小笠原固有種が絶滅の危機に瀕している。その一つがオガサワラシジミである（図4）。

　オガサワラシジミは、小笠原諸島だけに生息するシジミチョウの仲間である。1969年に国の天然記念物に指定された。1970年代は小笠原で普通に見られる

図4　オガサワラシジミの産卵行動

チョウであったが、外来種であるグリーンアノールの捕食などにより、1980年代に父島、1990年代に母島で激減してしまった。環境省のレッドリストでは絶滅危惧Ⅰ類に分類されている。2008年に種の保存法に基づく国内希少動植物種に指定され、2010年にオガサワラシジミ保護増殖事業が策定された。幸いなことに2005年の調査により母島で再発見された。オガサワラシジミの保護に取り組むため、2005年に環境省、東京都、小笠原村など関係行政機関、多摩動物公園、チョウの研究者及び地元NPOが共同で「オガサワラシジミ保全連絡会議」を立ち上げた。母島では、住民有志による「オガサワラシジミの会」が、生息地の保全に熱心に取り組んでいる。

多摩動物公園では、オガサワラシジミの生息数を回復するためにオガサワラシジミ保全連絡会議の一員として活動するとともに、2005年からは、いままで培ってきたチョウの飼育繁殖技術を用いてオガサワラシジミの飼育繁殖に取り組んでいるほか、現地で活動する「オガサワラシジミの会」を物心両面で支援している。

多摩動物公園での飼育により、オガサワラシジミの卵はふ化するまで3〜5日、幼虫がさなぎになるのに13〜18日、さなぎが羽化するのに9〜14日かかり、生活史全体では40〜50日程度で世代を交代することがわかった。幼虫が食べる餌はオオバシマムラサキやコブガシなどの花芽である。動物園では餌を確保するため大量にオオバシマムラサキの栽培を行っている。チョウを飼育するというより、餌となる植物の管理に時間をとられるのが現状だ。オガサワラシジミは40〜50日という短期間で世代が交代するため、ほとんど一年を通して生まれる幼虫に与える花芽を欠かすことができない。四季のはっきりしている東京で幼虫に適した花芽を常時、準備することが難しいため、まだ、世代を重ねて飼育することができていない。花芽を確保することがオガサワラシジミの繁殖を成功させる鍵となっている。

8.2　東京メダカ

三代続けて江戸（東京）で生まれ育った人が"江戸っ子"といわれる。都立動物園が保全に取り組んでいる"東京メダカ"の定義は、江戸っ子より厳しい。三代では不十分で、ずっと昔から東京に生息するメダカの子孫で、他地域由来のメダカと交雑していない生粋の江戸っ子メダカを指す。東京にメダカはどの

くらいいるか、都立動物園で調査して地図に示した「東京メダカMAP」が、東京動物園協会のホームページ「東京ズーネット」で公開されている。(http://www.tokyo-zoo.net/medaka/)

　これによると、調査した18カ所のうち15カ所でメダカの生息を確認できた。一見、たくさんいるように見えるが、東京メダカの安定した生息場所は決して多くない。多摩動物公園野生生物保全センターで遺伝子を用いてメダカの出所を調べたところ、純粋な東京メダカの生息場所は1カ所しかないことがわかった。

　日本のメダカの遺伝子を調べた研究によると、日本のメダカは15のグループに分けられるという。メダカはそれぞれの地域で長い時間をかけて進化してきた。関東地方に特有の遺伝子型は、東日本型か関東型である。しかし関東地方のメダカを検査すると、日本で発見される15グループのいろいろなものが混ざっていることがわかった。とくに東京は深刻で、東日本型か関東型の遺伝子型をもつ東京メダカがいたのはわずか1カ所で、そのほかの場所では、九州や関西の遺伝子型をもつメダカがたくさん混ざっていた。東京に野生のメダカはいるが、東京メダカは絶滅寸前の状態にある（図5）。

図5　東京メダカ

　メダカがいなくなったのは、メダカが住める水辺環境がなくなったことが大きい。また、夜店などで売っているメダカを水辺に放してしまう人がいるので、いろいろなDNA型をもつメダカが交雑することになる。2006～2009年の調査で見つかった野生個体群、1989年に神代水生植物園で採取され葛西水族園で飼育が続けられている個体群、1944年頃杉並区で採取され個人宅で飼育されていた個体群の3個体群だけが、わかっている生粋の東京メダカである。今後は、まだ見つかっていない東京メダカを探す努力を続けるとともに、現存する東京メダカ3個体群のうち、野生下のものは生息環境を改善するとともに、一部を

飼育下に導入し、絶やすことなく飼育継続していく計画である。メダカに限らず、家庭で飼育していた野生動物を飼いきれなくなったからといって野外に放すことは、もとからその場所で暮らしていた動物に何らかの影響を与えるため、やめてほしい。そのことを広く来園者にPRすることも、動物園の大切な仕事だと考えている。

8.3 アカハライモリ

　アカハライモリ（以下イモリ）は、おなかに赤と黒の模様がある両生類の仲間だ。おなかの模様が1頭1頭異なるので、個体識別に用いることができる。イモリは水辺に住む動物である。都市化によって水辺がなくなり、私たちのまわりからどんどんいなくなってしまった。イモリも遺伝的にいくつかの集団に分か

図6　アカハライモリ

れていることが知られ、東京に生息するイモリは関東集団と呼ばれている。

　イモリは夏ころ産卵する。卵は2週間でふ化し、幼生は水中で成長する。夏から秋になると変態して上陸し、幼体となって3年くらい陸上で生活する。その後、また水辺に戻り繁殖する。

　都市化の著しい東京では、さすがに都心部にイモリはいないが、多摩地区の水辺には、細々とイモリが暮らす場所が残っている。2002年からこのような場所の一つで都立動物園が共同して保全活動を続けている（第8章参照）。定期的にイモリを捕獲して1頭1頭、体長を計測し、個体識別のために腹部のまだら模様を写真撮影する。生息に適した水辺が少なくなったことが個体数減少の原因であるため、あわせてイモリが暮らせる池の造成も行っている（図7）。水辺が増えて生息環境が改善されたためか、個体数も順調に回復してきた。イモリの保全活動を始めたころは、調査のために捕獲する個体のほとんどは新規個体で占められていたが、現在では再捕獲される個体の占める割合が着実に増えている。個体数が増えてきたため腹部の模様による個体識別が困難になり、最近

図7 造成した池でのイモリ調査

はマイクロチップをイモリの体内に挿入して個体識別をしている。マイクロチップとは動物の個体識別を目的とした半永久的に使用可能な電子標識器具で、ふつう動物の左型皮下に埋め込んで使用する。それぞれのマイクロチップには世界で唯一の番号がふられており、読取器から発信される電波によってその番号を読み取って個体識別を行う。

私たちが保全活動を行っている付近の小学校とは、総合的な学習の時間を利用して子どもたちに現場でイモリを観察してもらい、イモリが暮らせる場所について考える活動をしている。この活動は研究機関との共同作業でもある。イモリの保全では、このように動物園部隊による生息地改善、生息調査、飼育繁殖、研究機関との連携、小学校の総合学習への参加と、幅広い活動を展開している。

8.4 トキ

トキは学名をニッポニア・ニッポンという。学名からは日本固有の鳥みたいに思えるが、実際は東アジアに広く分布していた。環境省のレッドリストによると、トキは野生絶滅種として位置付けられており、現在、環境省主導で飼育繁殖と野生復帰が行われている。トキは季節によって羽の色が変わる。俗にトキ色と言うが全身の羽が薄ピンク色で、太陽の下を飛ぶ透過光で見るトキの姿はとても美しい。繁殖期が近づくと首の後ろの皮下にメラニン色素を出す腺が発達し、水浴びをするたびに首から翼にかけて黒く着色される。黒くなる羽色の変化は繁殖の準備ができたしるしである（図8-1と図8-2）。年老いたトキでは繁殖期になっても羽色は変わらない。

トキはロシアから朝鮮半島、中国、日本、台湾に到るまで、広く分布していた。ロシア、中国東北地方、北海道では夏鳥、朝鮮半島と中国東部では冬鳥や

第3章　生息地と協働した保全活動

旅鳥、中国の陝西省と甘粛省や日本のほとんどの地域では留鳥、台湾では冬鳥と留鳥だったようだ。日本のトキは第二次世界大戦後の1950年ころから徐々に減少し、新潟県佐渡島だけで細々と生息するようになってしまった。環境庁（当時）は1981年に野生の5羽をすべて捕獲した。佐渡トキ保護センターで飼育されていたキンというメスを加えた6羽で飼育繁殖に取り組んだが、残念ながらうまくいかず、2003年に最後まで残ったキンが亡くなり日本産のトキは絶滅した。1999年に中国から贈呈された1ペアがその後の日本のトキ個体群の中核になっている。

図8-1　繁殖羽のトキ

図8-2　非繁殖羽のトキ

東京の動物園とトキとの出会いは今から50年以上も前にさかのぼる。1953年3月に佐渡の山中でトラバサミにかかったトキを、両津高校の佐藤春雄先生が保護し、佐渡の小学校で飼育されていたが、1953年4月に上野動物園が受け入れることになった。これが生きたトキと都立動物園との最初の出会いである。

その後も数回、佐渡でトキが保護されたが、うまく飼育することができなかった。餌として与えるドジョウや水生昆虫が寄生虫の感染源となっていたためである。そこで、都立動物園では、スイスのバーゼル動物園のトキ類の餌を参考に、安全で栄養価の高いトキ用人工飼料を開発した。ニンジン、馬肉、殻つきゆで卵、ビタミン、ミネラルをまぜて挽き肉状にしたものである。トキに与える前に、動物園で飼育しているクロトキやショウジョウトキに与えたところ、

49

嗜好性も良好で繁殖にも成功したため、実際にトキに使うことになった。

　トキ用人工飼料は生肉がベースになっているため、長期間の保存がきかない。そこで、キャットフードを主体としたトキ用固形飼料も開発した。トキ用固形飼料はトキ用人工飼料に比べるとトキ類の嗜好性はあまりよくない。しかし、栄養的にはバランスがとれており、固形飼料だけを与えたトキ類も繁殖する。餌以外にも、動物園で飼育しているトキ類を用いて孵卵器を使った人工孵化のための条件設定、獣医学的ケアなどトキを飼育するための技術開発を行ってきた。その結果得られた知見を佐渡トキ保護センターにフィードバックし、トキの飼育繁殖や健康管理に役立てている。

　都立動物園は昭和40年代から新潟県に協力し、毎月のように動物園の獣医師と飼育担当者がトキ保護センターに出向いて、飼育管理についてアドバイスをしてきた。現在ではトキ保護センターに常勤の獣医師が勤務しているため、出張頻度は少なくなったが、適宜、飼育繁殖のアドバイスを行っている。

　トキは飼育下に190羽、野生に29羽いる（2011年7月現在）。野生のトキの内訳は佐渡に28羽、本州に1羽である。放鳥された野生の個体には多摩動物公園で繁殖した個体も混じっている。飼育下には、佐渡トキ保護センターとトキの順化施設（野生復帰のために飛ばす訓練をする施設）に140羽、佐渡以外では多摩動物公園、いしかわ動物園、出雲市トキ分散飼育センターに50羽飼育されている。最初はトキ保護センターだけで飼われていたトキだが、高病原性鳥インフルエンザが日本全国を席巻したため、感染の危険を分散させるため佐渡以外の施設においても飼育されるようになった。分散飼育を引き受けた施設職員の研修受け入れや飼育施設設計に際しての助言も都立動物園が行っている。現在、環境省の方針で分散飼育地でのトキを公開はできないが、公開が認められた際は、たくさんの方にトキを身近に感じてもらい、トキとともに生きるためにはどうすればよいかを考えるプログラムを提供していきたい。

8.5　ツシマヤマネコ

　ツシマヤマネコが生息する長崎県対馬は、朝鮮半島まで50キロほどのところに位置する。ツシマヤマネコと沖縄県西表島に生息するイリオモテヤマネコは、動物分類学的にはそれぞれベンガルヤマネコの亜種として分類されている。ツシマヤマネコは、今から約10万前に当時陸続きであった朝鮮半島から渡来した

第3章　生息地と協働した保全活動

と考えられている。1991年に国の天然記念物に指定された。環境省のレッドリストによれば、ごく近い将来、絶滅するおそれの高い絶滅危惧ＩＡ類に分類されている。広葉樹林の谷間、林縁部、田畑に生息し、メスの行動圏は1km×2km、オスの行動圏はその7〜8倍ある。食べ物は主にネズミやモグラで、冬は小鳥、夏は昆虫も食

図9　ツシマヤマネコ

べる。2〜3月ころ交尾して、4〜6月ころ1〜3頭の子どもを産む。

　1960年代の生息数は250〜300頭であったが、年々減少し、1980年代は100〜140頭、1990年代は90〜130頭、2000年代前半は80〜110頭と推定されている。生息地の減少、交通事故、イヌにかまれる、イエネコから病気が感染する、トラバサミで捕獲されるなどが個体数減少の原因と考えられている。

　ツシマヤマネコは1994年に種の保存法にもとづく国内希少野生動植物種に指定された。飼育繁殖のために1996年以来6頭のツシマヤマネコが福岡市動植物園に導入され、2000年に初めて飼育繁殖に成功した。現在までに飼育下で生まれた個体は43頭であるが、そのうち18頭が死亡し、25頭が生存している。福岡で増えた個体は、飼育繁殖を進めるために全国の動物園に移され、6施設で35頭が飼育されている（2011年7月現在）。井の頭自然文化園（以下文化園）は2006年から環境省の保護増殖事業に参加し、オス3頭、メス2頭を飼育し、そのうちオス1頭を公開している。

　文化園では多摩動物公園の野生生物保全センターとともに、ツシマヤマネコの糞中性ホルモンを測定し、繁殖と性ホルモンの関係を探っている（第10章参照）。また、日本獣医生命科学大学野生動物学教室と、ビデオ録画したツシマヤマネコの繁殖期の行動解析を行っているほか、同大学臨床繁殖学研究室とは文化園で飼育しているアムールヤマネコ（朝鮮半島に生息するベンガルヤマネコで、ツシマヤマネコと同じ亜種）を用いて、麻酔下で精子を採取し、冷凍保存する研究を行っている（第9章参照）。

普及・啓発活動として、ツシマヤマネコのことを楽しく知ってもらうヤマネコ講座を催したが、この講座では対馬市役所職員の大きな協力を得た。ツシマヤマネコの保護活動を行っているさまざまな団体とともに園内で開催するヤマネコ祭りも恒例行事で、動物園にいらした方々にヤマネコの魅

図10　井の頭自然文化園で開催されたヤマネコまつり

力とヤマネコを守ることの大切さを伝えている（図10）。2010年に多摩動物公園が開催した保全フォーラムでは、わざわざ財部能成対馬市長が上京され、ヤマネコと共存するための苦労話を聴衆に直接話された。

9. 生息地と協働した保全活動

オガサワラシジミ、東京メダカ、アカハライモリ、トキ、ツシマヤマネコと、昆虫から哺乳類まで、都立動物園が取り組む日本産動物の保全活動と、それに伴う地域との連携について紹介した。動物園で飼育繁殖に取り組んでいると、どのように繁殖させるかなど技術改良に興味がうつり、何のために繁殖させるのかという基本方針がどこかに行ってしまうことがある。言うまでもないが、野生動物の保全は生息地で保全することを優先させるべきである。動物園での飼育繁殖は、あくまで次善の策であり、緊急避難的処置である。仮に動物園だけでトキが生きていても、本当の意味でトキが種として生きていることにはならない。トキがほかの生物とともに生きていける自然環境を取り戻すことが大切だ。

野生動物を守るには、その生息地でいっしょに暮らしている地域の方々との連携を欠くことができない。私たちは、トキの飼育管理を通して佐渡でトキの保護に取り組んでいる人たちの努力を知った。ツシマヤマネコでは対馬市役所職員の熱意ある行動から、ヤマネコと共生するためのたくさんのヒントをいた

第3章 生息地と協働した保全活動

だいた。一方、野生動物を飼育下で繁殖させることにアレルギーを感じている研究者も少なくない。飼育下で得られたデータは不自然で、使いものにならないという理由が大きいようだ。

しかし、私たちが手をこまねいて傍観している間に、次々と野生動物が地球上から永遠に姿を消しているのが現実である。

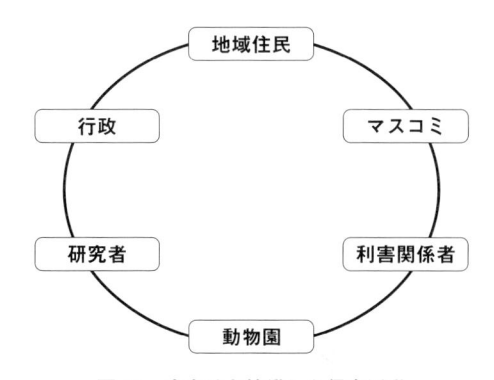

図11 生息地と協働した保全活動

緊急避難として、絶滅のおそれのある野生動物を飼育繁殖施設に収容し、生息地の環境回復を行うとともに、環境が改善されるまで飼育下で世代を継続することが現実的な策だと私は思う。そのためには、地域住民、行政、研究者、動物園、その他利害関係者、そしてマスコミが協働して、それぞれができることで野生動物の保全に取り組む必要がある（図11）。私たち動物園人の使命は、長年培ってきた飼育繁殖技術をベースに、希少種の飼育繁殖に取り組み、たくさんの来園者を迎えるという利点を活かして、関係する人々と連携して野生動物の魅力と野生動物とともに暮らす大切さを伝えていくことにある。

2011年3月11日に発生した東日本大震災では、多くの人命が失われた。心からお悔やみを申し上げたい。人と生活をともにしていたイヌやネコ、家畜であるニワトリやウシの犠牲も少なくないという。あまり注目されていないが、野生動物植物の被害も甚大であるはずだ。被災地の野生動物の生息状況を把握し、動物園として何ができるか、動物園だからこそできることは何かを考え、地域の人々とともに行動することも私たち動物園人の責務だと思う。

第2部 いのちを伝える

第2部　いのちを伝える

　動物園は生きた動物を展示する自然系博物館の一種であるが、多くの博物館に比べて飛びぬけて多い来園者をお迎えしている。日本動物園水族館協会に加盟し、入園者数を公表している動物園 87 園の平成 22 年度入園者総数は 3750 万人であった。およそ日本人の 3 人に 1 人は動物園を見学していることになる。生きて動く生身の動物の魅力に負うところが大きいが、これほど集客力のある社会教育施設は、動物園をおいて存在しない。

　来園者の多くは動物園をレジャー施設と捉え、生き生きと動きまわる動物を見ることを期待している。もちろん、動物園は案内がなくても楽しい時間を過ごすことができる。しかし、楽しみ方をガイドしてもらえれば、より充実した時間を過ごすことが可能となる。世界の人口は 2011 年に 70 億人を超えた。21 世紀末に 100 億を超えると予測されている。爆発的な人口増加や人の経済活動に伴う森林破壊、地球の温暖化、気候変動など、人類をはじめ地球に生を受けた生き物の存続が困難な状況が生まれている。このような状況であるからこそ、動物に興味を持って入園される多数のお客様に「いのちを伝える」ことは、動物園の重要な仕事となっている。いのちを伝え、地球上にともに生きる意味を考えてもらうには、いかに来園者の知的好奇心を引き出すかが鍵となる。

　第 2 部では、「いのちを伝える」担い手と伝える対象者別に、動物園で行われているさまざまな活動事例を紹介した。第 4 章「伝えたいいのち」を担当した吉川美紀さんは、日本獣医生命科学大学獣医学部獣医保健看護学科の学生で、入学してすぐにレクリエーション同好会に入り、現在まで上野動物園通いを続けている。ゼミ発表などでも口跡さわやかで、優秀なストーリーテラーであることから、演者として白羽の矢が立った。今回の報告をお読みになれば、十分にその責務を全うされたことを納得できると思う。第 5 章「動物観察の楽しみ方」を担当した草野晴美さんは、理学博士の肩書きを持つ動物解説員のベテランである。多摩動物公園で子どもから大人まで幅広い年齢を対象に動物ガイドを担当している。長年にわたる経験に培われた報告には、静かな情熱がほとばしっている。第 6 章「子どもと身近な自然をつなぐ」を担当した天野未知さんは、教育普及係長として井の頭自然文化園の教育活動をとりまとめている。持ち前のバイタリティで、動物園の仲間とともに様々なプログラムを開発し、都会の住人、特に子どもたちに、自然への親しみ方を伝えることに熱心に取り組んでいる。3 人の報告をお読みになれば、一口に「いのちを伝える」と言っても、様々なアプローチがあることがご理解いただけると思う。　　　　（成島　悦雄）

第4章

伝えたいいのち

~レクリエーション同好会創部34年の歩みと未来へ

———————————日本獣医生命科学大学　吉川美紀

1. レクリエーション同好会とは

　レクリエーション同好会（以下、レクとする）とは日本獣医生命科学大学に所属するサークルであり、基本的に毎週日曜、祝日に上野動物園内のこども動物園にて学生ボランティアを行っている団体である。

　現在の活動内容は、主に掃除や給餌の飼育作業、接客、ふれあいコーナーの補助であり、実際の飼育員の仕事に近いことを職員さん指導の下、行わせてもらっている。また夏のサマースクールというイベントにも参加し、弱視・盲目者を相手にしたふれあいコーナーや動物の講義も行っている。

　レクは1977年に発足しており、今日までの34年間の歴史を繋げてきたものは、動物園との信頼関係に尽きる。学生ボランティアという立場ではあるが、活動には仕事であるという意識を持ち、厳しい規律の下、真摯に取り組んでいる。

　活動は1、2年生を中心に行い、3年生のゴールデンウィーク（動物園が最も忙しい時期の一つ）が明ける時期に引退するため、常時現役会員数約30～40人である。一回の活動当たり20人前後のシフトを組んで活動している。動物園に興味のある会員が多く、他の動物園でもアルバイトやボランティアをするなど、個人的に動物園への関わりを広げている者も多い。

　顧問は、32年間レクを見守り続けてくださっている、日本獣医生命科学大学の神谷新司教授に務めていただいている。

2. レクリエーション同好会の歴史

　上記のとおり、レクは1977年に発足しており、現在34年の歴史を誇る。創

部の経緯は、当時のこども動物園に勤めていた西川登志雄氏が日本獣医生命科学大学で講演をしており、アルバイトを募集していたことから始まる。その募集に応募したアルバイトの一人が創始者の田坂清氏（現在は東京都の動物園職員）であり、この集団がレクの前駆体である。その後、東京都より組織化を促され、田坂氏が大学内で勧誘を行いサークルとして団体化したものが、現在のレクリエーション同好会である。（ちなみにレクリエーション同好会の名の由来は、サークル化時に勧誘したメンバーが当時の遊び仲間であったことに起因する。）

　レクの活動は創部時と現在では大きく変化しており、この変化はこども動物園の変化が関係している。1974年6月30日、当時人気を博していたおさる電車の閉鎖に伴い、同年8月1日おさる電車跡地にミニ牧場が開設された。レクが発足したのはこの3年後である。その後、1990年に第4次こども動物園が開園し、ふれあいコーナーなどのイベントや飼育動物が大きく変化して、ほぼ今と同じ形になった。現在のこども動物園は日本の在来家畜の飼育に力を入れており、トカラヤギや木曽馬などの在来馬、三島牛などの在来牛が増え、元々日本に住んでいた品種について学べるようになっている。

　レクの活動も、創部当初はミニ牧場内での動物の解説などのみであり、飼育作業、ふれあいコーナーには関わっていなかった。その他にはサマースクールという夏季に行われる小学生以下の子どもを対象とした、動物についての指導を行うイベントの補助も行っていたため、そこでふれあいイベントに関わっていた。

　その数年後、飼育作業がレクの活動に追加される。1990年のこども動物園の大きな変化に伴い、レクリエーション同好会の活動の幅がさらに広がり、現在行っているような接客、ふれあいコーナーの補助がその年の前後に追加されていった。これはレクのそれまでの活動により、動物園職員さんとの良好な信頼関係が築かれてきたことによるもので、真面目な活動をしてきた先輩方の功績である。

3. 現在の活動内容

　現在のレクの活動は前にも記したとおり、主に飼育作業、接客、ふれあいコ

第 4 章　伝えたいいのち

ーナーなどイベントの補助である。これらの活動は、ヤギやニワトリなどが放飼されている「なかよし広場」を担当するヤギ班、ミゼットホースや在来馬など、ある程度大型の動物を扱う「ともだち牧場」を担当する牧場班、ウサギやモルモットなど小動物を扱うイベントを担当するウサモル班の3班に分かれて行っている。

・レクリエーション同好会の一日

一日の始まりは、まず開園前のこども動物園内にて3班に分かれての掃除と給餌を行う。その後、全班合同でのふれあいイベント「生きているをのぞいてみよう」のコーナーをなかよし広場内で行う。これはヤギ、ウサギ、アヒル、ニワトリとふれあい抱いてみたり、動物たちの糞を

図1　ふれあいイベント「生きているをのぞいてみよう」のコーナーの一コマ
ニワトリを見せながらお客さんに笑顔で挨拶しているレクの会員たち

触れるよう加工して展示していたり、動物たちの心音を聞くことのできるコーナーである。実際の動物に触れて暖かみを感じてもらったり、心臓の音を聞いたり、動物の体や糞を観察してもらうことで、そのイベント名のとおり自分たちと同じように動物たちも生きているんだ、ということを実感してもらうようなふれあいコーナーになっている（図1）。

「生きているをのぞいてみよう」のコーナーが終了したら、お昼休憩をはさみ午後の活動に移る。午後の活動は班ごとの特色が強いので、それぞれのイベントに目を向けてみたい。

牧場班：ともだち牧場内で、小学生を対象にした家畜教室を行う。これは家畜から普段、生産物として何をもらっているのか、家畜とは何かについてふれ

あいと解説を交えながらツアー形式で勉強してもらい、動物の身近さを感じてもらうことを目的としている。

　ヤギ班：一日三回、なかよし広場内にてヤギたちに餌を与えるイベントを行っている。これは、お客さんにヤギの餌である青草を配り自分の手から餌を与えることで、ヤギの食事風景を間近に観察して反芻動物の生態について学ぶとともに、自分と同じようにものを食べて生きていることを感じてもらうことを目的にしている。

　ウサモル班：午前の生きているをのぞいてみようのコーナーとは少し動物種が異なるふれあいコーナーを行っている。午前と同じく動物たちが自分たちと同じように生きていることを感じてもらうだけではなく、ウサギやモルモット、ハツカネズミなど動物たちの体が小さいため、動物をあまり怖がることなく触ることができ、動物に関心を持つきっかけ作りになることを目的としている。

　飼育作業、ふれあいコーナーの他にも、お客さんと積極的に関わり、動物について知ってもらえるよう、常に素敵な笑顔での接客をレク一同心掛けている。なお、これらのイベントはスタッフの人数や、参加人数、飼育動物の変化、その日の状況により経時的に変化する。

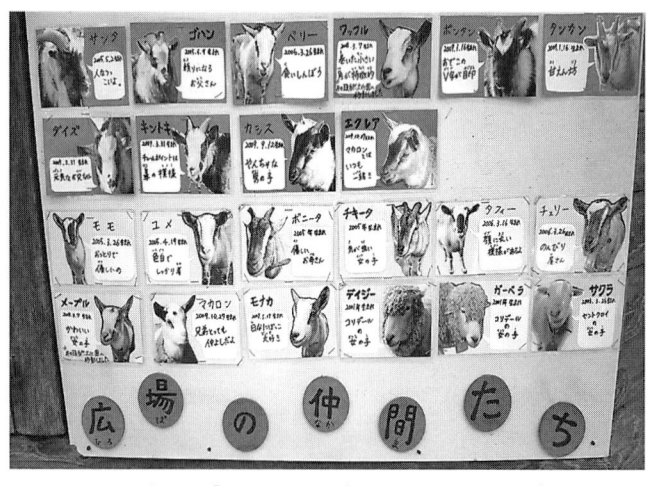

上記の毎週の動物園での活動の他にも、動物の紹介のパネル（図2）や、顔出し看板などの展示物の作成など、形に残るような活動もさせてもらっている。これらはお客さんから見てわかりやすい内容、興味を持ってもら

図2　レクが作成した「なかよし広場」にいるヤギとヒツジの紹介看板
顔写真と特徴をわかりやすくすることで、動物たちの個性を感じてもらいたい。

60

えるような見栄えにすることで、お客さんの動物への関心のきっかけ作りになれば良いと考えている。

毎週行う一回一回の活動を進歩させていくために、レクは全員で情報を共有し、反省と改善策を考えるためのミーティングを重視している。活動前と活動後の班ごとでのミーティングと、毎週1回全員でのミーティングを行うことで、次回の活動を少しでも改善することを目的とし、毎回の活動に向上心を持つことで、レクとしても進歩していくのである。

これらがレクの主な活動である。これらの活動の中で一貫して力を入れていることは、実際の動物に触れることができるこども動物園という環境を利用して、子どもたち、あるいはその親、さらには老若男女様々な人たちに、いのちとは何かを投げかけてみること、またはそれを考えるきっかけ作りをすることである。

4. レクリエーション同好会についての考察

さて、今まで紹介してきたレクは、大学のサークルでありながら、動物園で働くという全国的に見ても非常に珍しい団体である。なぜ34年間も歴史が続いてきたのか、レクの魅力について考えたいと思う。

4.1 レクの魅力

2011年5月まで活動していた1、2、3年生のレク会員を対象に意識調査を行った。大学入学早々に同好会の説明を聞き、レクの活動の見学を経て入会した学生らの入会動機のアンケートをとったところ、「動物園の仕事に興味があった」という回答が圧倒的に多かった（図3）。また、「動物園への就職を視野に入れているか」というアンケートでは、半数を超える57％の会員が就職を視野に入れていると回答していた（図4）。この回答の中には元々動物園で働きたかった、レクの活動を行ってみて就職を考えるようになった、一時期は考えていたが今は考えていないなどの意見がある。このように学生たちの動物園への意識が高いことがわかったが、では実際に活動してみて、何が楽しくてレクの会員たちは活動しているのだろうか。

動物園に興味を持ち入会してきた学生たちだが、活動を続けるうちにレクへの意識や考え方は変化していくことが多い。先ほどと同様に「レクの活動をし

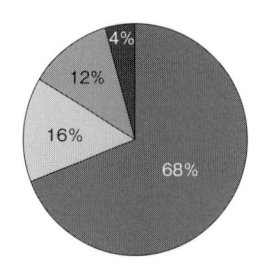

図3 「レクへの入会動機」アンケート結果
2011年現在 1,2,3年生のレク会員に実施（n=51）

- 動物園に興味があった 68%
- 動物と関わる仕事がしたかった 16%
- 日獣大に特有な変わったサークルに入りたかった 12%
- 社会勉強になりそうだから 4%

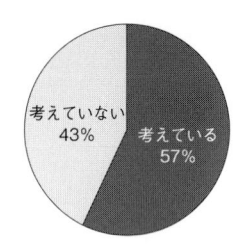

図4 「将来動物園への就職を考えているか」アンケート結果
2011年現在 1,2,3年生のレク会員に実施（n=51）

- 考えている 57%
- 考えていない 43%

ていて良かったと思うこと」についてアンケートしたところ、動物園の動物の飼育に関わり、動物について学ぶことができたという意見はもちろんあるが、その他の意見に、様々なタイプの人の接客をして、対応や相手へのものの伝え方を学べた、という意見が同数回答されている。動物園の仕事と聞いて動物の世話ばかりをしているようなイメージを抱いている学生が多いが、実際はお客さんとの関わりがとても多く、人とのふれあいも重要なのである。

　レクの活動をしていてよかったと思うこと、楽しいと感じることは人それぞれ異なるものであり、同じ活動を通しても各々の感じるレクの魅力は違う。では、レクが34年間も続いてきた魅力とは一体何なのだろうか。

　レクの歴史の中で前述したが、レクの活動は創部当初と比べ大きく変化している。ふれあいコーナーに携わるようになり、お客さんとの接点が増えた現在と、動物の解説のみを行っていた昔では、レクの面白味は異なるのではないかと考えられる。しかし、いつの時代も日本を代表する動物園の一つである上野動物園で働くことができるという魅力、普段触れることのない動物に関わることができるという楽しみは衰えることなく、創部当初から現在までレクの歴史を支えてきた要因の一つであろう。また、動物園の職員さんの話を聞くことができ、現場の空気を知ることができることも魅力である。

　接客を任されるようになってからは、やはりお客さんとのふれあいや、人へものを伝えるためにどうすれば伝わりやすくなるのか考えながら工夫することも楽しさの一つである。また、任される仕事が増え、レクが表舞台に立つ機会

が増えたことで、より責任が重くなり、レクの組織形態もさらに厳格で緊張感のあるものになっていった。これらの結果から、レクで活動することにより働くことの大変さや責任とは何かについて、社会に出て働くとはどういうことかについて学ぶことができることも、レクに入ってよかったと感じる要因である。

　自分たちは言わずもがな、動物が好きなので日本獣医生命科学大学に入学したのであり、かわいい動物たちに関われるだけでも、レクの仕事にとてもやりがいと楽しさを感じている。活動を通して動物を観察し、その動物種について、またはその動物の個性を学べることはとても面白いと感じるし、自分たちが面白いと思った発見をお客さんに少しでも感じてもらえることがうれしい。

　この楽しい、面白いという気持ちをお客さんに分け与えることができたら、まさにそれはレクの醍醐味と言えるのではないだろうか。そのために、私たちは「お客さんを楽しませるには、まず自分たちが楽しまなくては伝わらない」と考える。この考えより、楽しいと感じるポイントは人それぞれであるが、まず自分たちが活動を楽しむことが大切であり、成功体験も踏まえ自分で考えたことを実践し、あるいはレクの意見を職員さんに新しいアイディアとして取り込んでもらうことで結果を得ていく経験は、先輩から後輩に受け継がれ、レクに根付いてきた根源的な面白さではないだろうか。

4.2　いのちを伝える

　では、人に伝えること、特に今回のテーマである「いのちを伝える」とは何かについて考えたい。前述の通り、各イベントのコンセプトには「動物の暖かみに触れ、自分たちと同じように生きていることを感じてもらう」という思いがあるが、動物園に来園するお客さんはレジャーを目的としている人がほとんどである。そして、こども動物園の性格上、私たちが接する主なお客さんは子どもが多いのである。

　楽しみを求めてこども動物園に来園する子どもたちに、メッセージ性の強いものを伝えることの難しさは、容易に想像できるものと思う。また、子どもたちも、動物が好きな子、動物が怖い子、初めて動物を触る子など、動物に関わる経験がバラバラなのである。もしも初めて動物を触る子の手のひらに、いきなりハツカネズミを乗せればやはり驚くだろうし、ファーストコンタクトがあまりいい思い出でなければ、もしかしたらその子はその後、動物に恐怖心を持

ってしまうかもしれない。動物が好きな子どもに対してでも、「いのちとは何か」について難しいことを語り続けても、関心も持たないだろうし、つまらないと感じる子どもがほとんどだろう。

　これらのことから、私たちはまず、いのちを伝えるという目的の前段階である、動物への興味を持ってもらえるような働きかけをしていこうと考えている。そのためには、子ども一人ひとりに合わせた接し方も、関心を引く大事な方法である。動物が好きな子どもには、動物の種についてや、個性について学んでもらえるよう話しかけてみたり、動物が怖い子に対しては、まず動物を観察することから始めてもらうなどする。そうすることで、子どもたちに動物に興味を持ってもらえるようにお手伝いをし、興味をもつことで動物たちの面白さやかわいさを見てもらい、動物たちを愛してほしい。小さな動物たちを愛しく思うことで、動物と向き合い、自分とは違う姿かたちをしているけれども、自分と同じであるいのちと向き合うことで、いのちについて考えるきっかけになってもらえれば、レクの活動はさらに広がりを持ち、意味のあるものになるのである。

　生きている動物に触る機会のない人が多い現代で、こども動物園のような自由に動物とふれあうことができる環境は貴重である。本物の生きている動物に触るということは、手で触れる毛の感触や、じんわりとした温かさ、膝に乗った時の重みや、動物の臭いなど五感を使って感じることができ、やはり図鑑やテレビで見るだけとは、子どもたちの受けるインパクトは全く違うのである。私たちが伝えたい「いのち」とは、このような体験を通さずには感じにくいものだろう。だからこそ、私たちはお客さんと動物の「ふれあい」を重要視し、その間をつなげる架け橋になれるようなお手伝いを心がけている（図5）。

　子どもにも大人にもいのちを伝えるということはとても難しく、私たちの今の接客の仕方も人にものを伝える方法の選択肢の一つでしかないため、まだまだ改善の余地がある。活動の度に毎回より良い言葉や接し方を考え変化させていくことで、お客さんにこども動物園で立ち止まってもらう時間を長くできるようにしたい。

　このように私たちも努力をしてきたつもりではあるが、実際にお客さんに私たちが伝えたいことがどのくらい伝わっているのかを知る機会が今までなかっ

たため、フィードバックを行ってこなかった。今回の講演会でレクの34年間の歴史を振り返る機会をいただいたので、これからこの長い歴史の振り返りを行っていきたいと思う。私たちの活動は上野動物園に属するものであるため、もし可能であればお客さんに直接アンケートを

図5 ふれあいイベントにて素敵な笑顔で接客するスタッフ
子どもたちも笑顔でアヒルを触っている。お父さんも笑顔になっている一コマ。

とって、私たちの活動について、こども動物園について感じることなどのリアルな意見を聞いて、その意見を反映させていきたい。

　レクは長い歴史の中で活動の幅を広げ、学生の関わる域が広がっている。始めは小さなきっかけで創部されたこの同好会が、今では目的を大きく持ち、なお進歩している。いつかは私たちの活動により、お客さんがこども動物園を目的に上野動物園に来るくらいのメインイベントにしていきたい。そして、学生であり動物園のスタッフであるというレクの立ち位置から、大学（学生）と動物園をつなげる架け橋のような存在になれれば良いと思う。

5. 大学と動物園が協力したら何ができるか

　このテーマについては、学生からの動物園と協力してみたい夢として書かせていただきたい。動物関係の大学を選択しているということは、やはり動物が好きな学生が多いのだが、レクの入会動機をみても動物園に興味のある学生は多いのである。

　大学で学べる動物は主にコンパニオンアニマルや、家畜動物ばかりであるため、動物園動物について学ぶ機会はほとんどなく、動物園の仕事について知

機会はあまりにも限られている。そのため、大学と動物園が協力することにより、学生がもっと動物園を身近に感じることができればよいと思う。このことにより学生の視野は広がり、将来の選択肢を増やすことができるだけではなく、大学という狭い世界で勉強している学生が外の世界を知る機会にもなる。

学生の強みは何と言っても、人数と空き時間である。これらを利用して、能動的に動物園を訪れ、イベントの提案や手伝いを行ったり、同大学の実習で行っているような動物の観察を行いデータに起こし、それを動物園側に提供するような、動物園と学生双方への充実化を図ることはできないだろうか。当然これは学生の質が高くなければできないことではあるが、大学の看板を背負い責任感をもった学生たちが、レクのような信頼関係を築けていければ良いと思う。

最後になるが、色々な動物たち、人々とふれあわせてくれて、自分の価値観や可能性までも広げるような貴重な経験をさせてくれたレクには、心から感謝している。レクで出会った、一緒に必死で活動してきた仲間たちはそうそう得られるものではなく、そんな仲間たちと出会えたのもレクのおかげである。

私たちに活動の場を与えて頂き、支えてくださっている上野動物園、並びに顧問の神谷新司教授（獣医学部獣医保健看護学科応用部門）にもこの場を借りてお礼を申し上げたいと思う。これからも良好な関係を築いていけるよう、精一杯活動させていただきたい。

今回の講演会のように、レクのようなサークルがあることを、もっと外部に知ってもらいたいと思う。レクという組織は、これからも進歩を続けて活動をずっと続けていき、先輩から後輩へと未来へ受け継がれていってほしい。そして、これからももっとたくさんのお客さんを笑顔にしていきたいし、多くの子どもたちに動物の素晴らしさを知ってもらいたい。その子どもたちが大きくなったときに、少しでも私たちが伝えたかったものが残っていれば私たちの活動の本懐である。

今までレクの活動について述べてきたが、レクの活動を理解してもらうにはやはり百聞は一見に如かず、実際に見てもらうのが一番わかりやすいだろう。ぜひ日曜、祝日に上野動物園のこども動物園まで足を運んでみてほしい。つなぎ姿のレクリエーション同好会のメンバーが笑顔で皆さんを迎え、動物たちと仲良くなれるよう、お手伝いさせていただきたい。

第5章

動物観察の楽しみ方

～動物解説員からのおすすめ

———————————多摩動物公園　草野晴美

1.　動物を見る

　動物園は、たくさんの人々に動物の生きた姿を見せるところである。広大な熱帯の草原にすむものも、標高 4000m 以上の山岳にすむものも、北極圏のツンドラにすむものも、動物園に行けば目の前にいる。誰でも、気軽に見ることができる。

　自分は、そのような動物園で「動物解説員」という仕事をしているのであるが、もとは哺乳類などの大きな動物とは無縁な分野を歩んできた者である。動物園での仕事は、お客さんと同じように物珍しい目で動物を見ることから始まった。そして、お客さんといっしょに動物を眺め、動物の前で動物を語っているうちに、わかってきたことがある。「動物を見る」ということには、「サラリと眺めるくらいの軽い見方」から「動物の習性を見抜くほどの深い見方」まで、相当に奥行きがあるということである。動物園には、お客さんの目線で動物を見る職業は少ない。もしかしたら、動物の見方を伝える仕事なら自分でもやってゆけるかもしれないと思った。

　とは言え、どのように見れば、誰でも気楽に見方を深められるのだろうか？　何か良い方法はあるのだろうか？　それを探るのは、かなりの難題であるように思われた。ただ、ここ 10 年ほどの間、来園するお客さんの方も変化してきたように思われる。繰り返し来園して動物の変化を楽しむ人、大人だけでゆったり動物に見入る人、連れてきている子どもと同じ目の輝きで動物を見る若いお父さんお母さん、カメラのファインダーから動物の表情の一瞬をとらえようとする人。仕事上は自分が来園者にガイドをしているのであるが、実際は、動物

を見て楽しむそうした方々と言葉を交わしながら「動物園ならではの動物の見方、深め方」を勉強させていただいた。「動物の専門家」としてではなく、柵の外からお客さんといっしょに動物を見る者として、動物の見方、深め方を述べてみたい。

2.「かわいい」の先にあるものは…

　動物の前にいるお客さんからよく聞こえてくる言葉がある。「かわいい」「くさい」「なんで？」「人間と同じね」……思わず出てくるこれらの言葉は、見る人の心が動物の生きざまに反応していることを示す大事な言葉だと思う。
　私たちヒトという動物は「目で見て情報を得る」のが得意な動物であり、「鼻でかぎわける」のはあまり得意ではない。排泄物や体臭は種類によってみな異なる。餌のにおいもいろいろだ。動物園にはテレビや本ではわからない様々なにおいがあるのに、ひっくるめて「くさい」の一言で片づけてしまう。「どんなにおい？」と尋ねても、「とにかく、くさい」という答えが返ってくる。一方、目で見て「かわいい」と感じたときには、「キョトンとした表情が、かわいい」とか「モコモコした感じが、かわいい」とか「遊ぶしぐさが、かわいい」とか、具体的な感想がたくさん出てくる。
　ところで、この「かわいい」と感じる気持ちは、どこから来るのだろうか？例えば、動物の親と子を比べれば、「かわいい」と声があがるのは圧倒的に子の方である。幼獣は、たいてい「頭でっかち」で「丸顔」「あどけない表情」「たどたどしい動き」といった特徴をもっている。このような子どもに共通した特徴に対して「かわいい」と感じ、抱きたい、食べ物をやりたい、世話をしたい、保護をしたい、という気持ちを抱く。これは、おそらく私たちヒトという動物が子育てをする上で、とても重要

図1　幼獣はかわいい（ユキヒョウの子）
（本章の写真はすべて多摩動物公園提供）

な性質である。子育てのような大変な仕事を、理屈だけでできるわけではないからである。むしろ、子どもの特徴を「かわいい」と思えないことの方が、深刻な状況を生むに違いない。相手を愛おしむ心は、幼少期を安心できる状態で保護され、家族など身近な人と信頼関係を築くことによって培われると考えら

図2　ヒトの子育て

れている。動物に対しても、家庭で家族同様に飼われているペット、学校で飼育されている動物、動物園のふれあいコーナーにいる動物、昆虫の採集や飼育など、子ども時代に体験したことが基礎となり、相手を「かわいい」と思い、世話をしたいと思うのである。

　しかし、これから述べることは、相手を「かわいい」と思えるようになったその先の問題である。例えば、成獣でも「かわいい」という声がよく聞かれる動物もいる。ジャイアントパンダやレッサーパンダは顔が丸っこく、動きがたどたどしく見える。コアラも体形が丸っこくて、モコモコしている。ペンギンは、むっちりしたおなかの下からのぞく短い足でヨチヨチ歩く。どれも幼獣的な特徴を兼ね備えている。一見「かわいい」というイメージを抱かせるのだが、実際はどうかと言うと、必ずしもそのようなことはない。多摩動物公園のコアラは、ガラス越しにお客さんのすぐ目の前に来ることがある。猛禽類のように大きく鋭い爪のある前足でユーカリをつかみ、カミソリのようによく切れる前歯で葉を食いちぎり、瞳が猫のように縦長の不思議な目つきで遠くをじっと見る。しかも、たまに聞こえる鳴き声は、ゴーゴゴゴ‥と空気が振動するような低く恐ろしげな声なのだ。見れば見るほど「かわいい」というイメージから遠ざかる。ユキヒョウのケージには、「オリの中に手を入れないでください」という看板が立っている。「かわいい」と思って手を入れようとするお客さんが実際にいるからである。たとえ攻撃されなくとも、じゃれつきの爪が当たれば10針くらい縫うほどの擦傷を負うかもしれないという現実は、すぐに思い付かな

図3 成獣でも「かわいい」といわれる代表的な動物
左上：ジャイアントパンダ　　右上：コアラ
左下：レッサーパンダ　　　　右下：ケープペンギン

いのだろう。かく言う自分も、以前はそうだった。

　この「かわいい」というイメージと現実のギャップをどう埋めたらよいのだろう？　そのギャップを埋める見方を考えれば、イメージや先入観を払拭し、「かわいい」と思ってしまう感情を否定せずに、動物本来の姿が見られるようになるに違いない。そこで、今回は試しに、動物の見方を深める方法をひとつ提案してみたい。それは、「私たちはヒトというサルの1種である」ということを

《コラム》嫌われもの

「まるっこい」のと真逆の体形、すばしこい動き、嫌われものとして思い浮かぶ動物と言えば、ヘビだろうか。ヘビを嫌うヒトは多い。ヘビには、咬みつく、毒がある、という危険なイメージがつきまとう。ヒトだけではない。チンパンジーもオランウータンも、ヘビを嫌う。地上に比べて敵の少ない樹上でくらすサル類にとって、ヘビは最も怖い存在だからだろう。やはりヒトもサルなのだ、と納得してしまう。ハチも怖い存在には違いないが、ヘビ嫌いには理屈では説明できない嫌悪感があるように見える。

図4　眼光鋭いアオダイショウ

もちろん、世の中にはヘビをかわいがっている人もいる。かつてヘビが苦手だった自分も、今はそれほど嫌いではない。ときには「かわいい」とさえ思う。「サル」は、新しいことを学習することもあるのだと、また納得する次第である。

細長くヌメヌメしたミミズも嫌われる。こちらはヘビより小さく、怖がるヒトはあまりいない。腐葉土を作ってくれる大切な生き物だと、たいていの人は知っている。それでも嫌われるのである。

理由のわからない自分の性癖がどこから来るのかを考えると、またひとつ、自分がサルの1種であることを納得できる材料が見つかるかもしれない。

強く意識しながら動物を見る方法である。

3. 大人ならではの奥深い観察

さて、ここからが本題である。動物園に来れば誰でも気軽にできる見方、「見ている自分がヒトである」ということを意識する見方である。もちろん、動物の専門家が行うような科学的な手続きを踏んだ観察方法ではない。しかし、楽しみながらもどこかで「科学的な見方」に近付けることを期待する見方である。キリンを例に、紹介しよう。

3.1 動物と向き合う感覚

まず、動物を見るときは個体（1頭1頭）をよく見る。姿形を表し、何かを感じ、何かをしようとしているのは、それぞれの個体なのである。その個体と自分を、「あなたと私」という感覚で見るのである。動物を風景のように見てしまうと、「あなた」と「私」という感覚は生まれない。自然の中で暮らす野生動物とこのような感覚で対峙することは稀なことかもしれないが、動物園ならできる。例えばキリンを見ているとき、「あなた」は1頭のキリン、「私」は目で見るのが得意なサル類の1種、ヒトである。「あんた、首が長いねー」と思っているのはヒトで、「あんた、首が短いねー」と思っている（かもしれない？）のがキリン、ということだ。

午前11時、多摩動物公園のサバンナ放飼場では、草の入った高さ5mのゴンドラのカゴがキリンの頭上にやって来る。ゴンドラの下は、お客さんのすぐ目の前にキリンが集まるので、お客さんの方も集まってくる（図5）。

図5　ゴンドラの下に集まってきたキリンとお客さん
（右奥のキリンがナツキ）

第5章 動物観察の楽しみ方

群れの中で最も食いしん坊な個体（ナツキ）は、誰よりも早くゴンドラの下に来て草の入ったカゴを注目しながら待つ。このとき、人がナツキの顔を下から見上げると、図6のように見える。目も耳も、近付いてくる草カゴに集中しているのがわかる。形も面白い。大きな目が、顔の横の出っ張った部分の下側に付いている。白目はほとんど見えず、瞳も虹彩も黒っぽいので、目全体が黒く見える。そして長いまつげがある。「かわいいー」という声を誘う目である。ナツキはその後、誰よりも熱心にカゴから草をひっぱり出し、最後まで居座る。ゴンドラの下には、群れの中でいちばん背の高い個体（アオイ）もやって来る。アオイも食いしん坊には違いないが、ナツキと違って好奇心が非常に強い。お客さんのことをよく見ている（図7）。このとき、「あなたと私」の「あなた」がアオイだったら、アオイには「私」がどのように見えているのだろうか。

図6　下から見上げたナツキの顔

図7　集まったお客さんを見るアオイ

3.2　自分と相手を置き換えるアナロジー

アオイに見られている「私（ヒト）」は、今度はアオイ自身になったつもりで、まわりの風景を想像してみる。アオイは上から「私（ヒト）」を見下ろしているのだから、図8のように見えるのだろうか。この写真は、ゴンドラを支える木に飼育係が5mほどよじ登って撮影してくれた。哺乳類の多くは色覚が弱いの

図8 高さ5mから人を見た光景

で、ちょうどこのモノクロ写真のように見えているに違いない。いや、しかしナツキの顔を下から見たとき、目が顔の横にかなり出っ張っていた（図6）。キリンの頭を真後ろから見ても、左右の目が見える。正面を向いていても、おそらく後ろの方までかなり見えているはずだ。とすると、普通のカメラではなく、周囲をグルリと撮影できる魚眼レンズでないと「あなた（アオイ）」の見え方は表現できないかもしれない。見え方だけではない。キリンは、耳をよく動かしている。左右の耳を、別々に動かしていることもある。それぞれの耳で、何の音を聞いたのだろうか。ヒトには聞こえない音も聞こえているのだろうか？

このようにして、相手の体の特徴や表情を見ながら自分と相手を置き換え、周囲をどのように見て、何を気にして、どう感じているのか、想像していくのである。何回もキリンを見ると、初めてキリンを見たときに気付かなかった特徴や表情が見えてくる。最初はまるで気にならなかった耳の動きや目線が、気になってくる。それを踏まえて、想像した相手の見え方、感じ方を修正していくと、だんだん「あなた（アオイ）」の感じ方がわかるような気になってくる。

このステップは、相手の行動を妨げることなく親密さを実感することができる大切なプロセスである。飼育係に質問をすれば3分で解決するかもしれないが、それでは実感は得られない。「見る」とは、想像以上に時間がかかる作業なのであり、それだからこそ、自分の心の中で出会いを感じることができるのである。

3.3 行動の意味を想像する

相手と向き合う感覚にひたり、自分（ヒト）とは違う相手（キリン）の感じ

《コラム》動物園にいる動物にも、野生の性質が残っているのか？

　もう10年以上前のことになる。キリンをガイド中に急な雷雨に見舞われたことがあった。すぐ近くに落雷した轟音、数m先も見えないほどの土砂降りの中、キリンたちはいつものように最も安全だと思っているらしい寝小屋の前に集合した。その頃、群れには2頭の小さな子キリンがいたのだが、10数頭のメスが頭を外側に向けて円陣を組み、子キリンを円陣の内側に囲い込んだのである。飢えることも敵に襲われることもなく、勝手気ままに暮らしているように見えたキリンが、危険を感じたとたんに野生と同じように群れで子を守る行動をとったのを目撃し、お客さんといっしょにずぶ濡れになりながら感動した。

　動物園で世代を重ねたキリンたちは、近くでライオンが咆哮しても誰も驚かない。野生ではありえないことだが、毎日見聞きすることについて安全が保障されていれば、慣れてしまうのである。「慣れ」は、動物にとって無駄な消耗を減らす大事な性質である。しかし、動物園という安全な環境でも、キリンをしばらく見ていると、目も耳もパッと何かに集中させることがある。ステンレス製の水筒がぶつかる音だったりワンタッチ傘が開く瞬間だったり、ヒトにとってはたいしたことでなくとも、キリンにとっては十分気になることらしい。「周囲に警戒を怠らないという性質」それ自体は、動物園にいても変わっていないのである。

図9　注視するアオイ

方が多少とも実感できるようになってきたら、こんどは相手が何をしようとしているのか、なぜそのような行動をとるのか、想像してみよう。相手は感じ方だけではなく、表現方法も仲間同士のつきあい方も違うかもしれないのである。

　例えば、個体同士のやりとりを見てみよう。ヒトの場合は、動作も顔の表情も声も、変化に富んでいる。対して、キリンの成獣は声を出さない。動作も表情も、ヒトに比べれば地味である。一見お互いに関わりあっているようには見えないかもしれない。しかし、ここでもまた相手と自分を置き換えるアナロジーを使ってみよう。もしも自分が食べるときも休むときも警戒を怠らない性質だったら、放飼場という空間のどこでどのように過ごしていたいと思うだろうか？　蹄のついた長い足だと、親愛の挨拶をしたくても「両手を広げてハグする」ことなどできないが、それではどのように表現するだろうか？　そのような気持ちでキリンを見ていると、はじめは何とも思わなかった行動が目に入るようになってくる。「相手のにおいをかぐ」「ついて歩く」「並んで立つ」「首を重ねる」「相手のたてがみを軽く舐める」……など、これらの地味な行動には、もしかしたら、なにか意味があるのだろうか、と。

　無論、同じヒト同士でも、相手の本当の気分は100％わかるものではないから、いわんや相手がヒトでなければ、本当のところはわからない。しかし、それでも自分と相手を置き換えて想像することを繰り返し、修正を重ねていけば、少しでも相手（キリン）への理解が深められるのではないだろうか。

　ただし、このあたりからは再び謙虚に用心しなければならないことがある。自分と相手を置き換えるアナロジーに頼りすぎると、いつしか自分がサルの1種であることを忘れ、自分の思い込みだけで相手を理解できたように思ってしまう危険があるのだ。勘違いの一例を紹介しよう。キリンの赤ちゃんが近くにいたメスとキスをしている場面を見た人が、感動に満ちた顔で話してく

図10　赤ちゃんキリンのキス

ださった。キリンも、我が子を抱きしめることはできないが、やはり母子の情愛は深いのだ、と。この方の一つ目の早とちりは、赤ちゃんといっしょにいるメスは母親であると、無意識のうちに思い込んでしまったこと。キリンの群れは、メスの群れだ。子キリンが何頭かいれば、子キリン同士集まって過ごすことが多く、たまに母以外のメスの乳首を吸っていることもある。また、若いメスも子キリンに興味を示す。二つ目の早とちりは、口と口を寄せ合った接触を「くちびるを合わせる情愛のキス」だと思い込んでしまったこと。もちろんキリンの赤ちゃんにとって、安心して接することのできる相手であるには違いないのだが、親愛とは別の意味もある。キリンは、ウシと同じように反芻をする動物である。胃袋が四つに分かれ、一つ目の胃袋に無数のバクテリアや原生動物が共生している。その微生物の力を借りて、食べた植物を分解しているのである。しかし、生まれたばかりの赤ちゃんの胃袋には、まだ微生物がいない。そのため、胃内容物を口に戻して反芻するおとなの口元を舐め、微生物をもらうのである。観察眼の鋭い人には、時おり赤ちゃんが舌でベロンとおとなの口元を舐めているのが見えるかもしれない。それでも予備知識を持たずに想像するだけでは、行き詰ってしまうだろう。

　結局、やはり想像力だけでは限界がある、ということである。その行き詰まりを打開するには、どうしたらよいだろうか。想像力をふくらませて動物を見ることを堪能してこられた方だけの、最高難度の見方に進もう。

3.4　動物園と野生環境を置き換える

　当たり前のことかもしれないが、動物には種ごとに特有の姿形があり、独特の動きやしぐさがある。例えばキリンの模様は、ヒトの指紋と同じように1頭1頭みな異なるが、しかしどれもキリンの模様である。アオイの高さは4m半くらいあり、ナツキは4mくらいである。しかし、おとなのキリンはどれも皆、ほかの種類の動物よりも高い。キリンのこの姿形には、どんな意味があるのだろうか。キリンになり代わって想像した感じ方は、本当なのだろうか。動物園で見せてくれる行動の「本当の意味」は、何だろうか。その真相に近付くには、野生のキリンがすんでいる自然の環境を考えなければならない。キリンは何千万年もかけて進化し、アフリカの熱帯草原（サバンナ）という環境で生き残ってきた動物なのである。最後のステップは、「動物園の環境」をその動物が野生

で暮らしている「自然の環境」と置き換え、見てきたこと、実感したこと、想像したことを様々な情報や知識を総動員して修正する、ハイレベルなプロセスである。

例えば体の模様を見てみよう。近くに来たキリンの体を見ると、全身に短い毛が生えており、白い毛と茶色の毛で模様ができていることがわかる。動物園ではかなり目立つ特徴である。あれだけ警戒心の強いキリンが、なぜこのように目立つ特徴をもっているのだろうか？　そこで野生のキリンが暮らしているサバンナの環境を調べてみると、ところどころにアカシアなどの樹木が点在する乾いた草原の風景が見えてくる。暑く乾いた風が吹いてくるのだろうか。どのような音が聞こえ、どのようなにおいがするのだろうか。

前にも述べたが、哺乳類の多くは色覚が弱い。サバンナの環境をモノクロで見ると、どうなるだろうか？　そこに模様のない無地のキリンがいたら、どう見えるだろうか？　これを頭の中に描いてみる。そうすると、植物の背景はモノクロの世界では意外とジャカジャカした複雑な模様で、キリンのような大型の動物に模様がなかったら、かえって輪郭が目立ってしまうことがわかってくる。無論、この模様のおかげで敵に狙われる確率がどの程度減っているのか、そこまではわからない（それはプロの研究者が考える領域だ）。それでも、少なくとも動物園の中で不可解だったことが、別の側面から想像できるようになったのである。

図11　木の周辺にキリンがいる風景

また、多摩動物公園のキリンの前にいると、ある行動について、お客さんからよく質問される。屋根や柵をベロベロ舐める行動である。動物園では、「舌遊び行動」と呼んでいる。動物園で普通に見ているだけでは、なかなか理由が想像できない。そこでまた、野生で暮らしているサバンナの風景に置き換えてみる。野生のキリンは、草ではなく、木の枝葉が主食らしい。私たち（ヒト）な

ら、枝を手でつかんで葉を口の中に入れることができるが、キリンの足先は走って逃げる機能を最優先に進化を遂げた蹄だから、揺れる枝をつかむことはできない。幸い、反芻動物は舌で植物を巻きとり、柔らかいところをすきとって食べる方法を持っていたので、キリンも舌で木の枝葉を巻き取り、葉をすき取

図12 舌で餌を巻き取る行動

って食べることができた。しかし、数百 kg の体を維持するためには、いったい1日に何十回、何百回、舌で巻き取る行動をしなければならないだろうか。想像するだけでも、舌の筋肉が疲れてしまいそうだ。だが、野生のキリンはそのようにして生きてきた。だから、もしかしたらその長く筋肉質の発達した舌で何かを巻き取りたいという衝動が、動物園でも起きてしまうのかもしれない。わざわざ高いところで揺れるゴンドラに草を入れて与えている理由は、お客さんの近くにキリンを引き寄せる以外に、刈り取った草でもキリンが舌使いを発揮できるようにした工夫である。

　不可解なことがあるときは、答えを焦らず、知っている情報を頭の中であれこれイメージしながら、再び相手（動物）を眺めてみよう。

3.5　自分と相手の相対化

　こうして相手の動物と向き合い、相手になり代わって想像する。そしていつしか自分がサルの1種であるという意識が薄らいでしまったら、相手（動物）の体を調べて自分（サルの1種）との違いを確かめ、再び動物と向き合う。疑問が解けずに行き詰まったら、本来すんでいる野生環境を思い浮かべて、また動物を眺める。これを繰り返していくと、ヒトにはヒトの常識があるように、キリンにはキリンの常識があると思えてくる。それは同時に、生き物としてはヒトもキリンも対等なのだ、ということに気付かせてくれる瞬間でもある。これが「自分と相手を相対化する見方」である。

　この見方、もちろん一度にやろうと思ってもできるものではない。しかし、決

して難しいことではない。何回か「また会いに来たよ」という感じで同じ相手と向き合えば、自然に深められる。動物園に来れば、誰にでもできる。特別なイベントがなくても、いつでもできる。ひとりでも、連れ合いがいてもできる。相手（動物）の生活に踏み込むことなく、心の中で動物との出会いを感じる温かい見方である。

4. 野生動物と出会う

　まだ朝夕の寒さが残る3月、千葉県のとある人里で野生のニホンザルの群れに出会った。サルたちはあちこちの木に分かれ、芽吹いたばかりの小さな葉を忙しげにつまんで食べていた。1本の大きな木では、何頭もの子ザルが垂れ下がった大枝でターザンよろしく遊んでいる。お～、どこかで見た光景（…無論、動物園のサル山である）。それでは、いつものように向き合ってみようではないか。「私」は木登りの下手なサル（ヒト）、「あなた」は50mほど離れた高い木で遊んでいるすばしこいニホンザルの子ども。早速「私」は「あなた」になり代わり、自然の林で遊び始める。自然の樹木は、変化に富んでいる。太い木、細い木、大きな枝、垂れ下がった枝。枝は揺れる、たわむ、折れる、音がする。足で物をつかむ感覚は、どのような感覚だろうか。手も足も枝をしっかりつかめる感覚を想像すると、枝の上がさほど怖くはない。だが枯れ枝は折れるので、注意が必要だ。10mほどの高さから見る景色には、遠くから見上げるヒトの姿。これだけ離れていれば、ひとまず安心だ。小一時間もすると、サルたちは林床に緑色の糞をたくさん残し、山奥へ移動していった。私がなり代わっていた相手の子ザルも、母ザルと思われるメスを追って山へ帰っていった。

　相手と向き合う見方、相手になり代わる見方は、動物園だけでなく、自然の野山にすむ野生動物と出会ったときにも使える。自然の世界にはもっと距離をとらないと危険な相手もあるだろうし、目で確認できない相手もあるだろう。しかし、動物園で身に付けた見方は、確かに自然の中でも使える。

5. ヒトと野生生物の共存

　野生生物の保全は、ヒトと野生生物が共存できる自然環境の保全である。ヒトはヒト、サルはサル、それぞれの暮らし、生き方を保障できる自然を保全す

るのであり、単に「かわいい」と思うから守る、という類のものではない。野生動物による農産物の食害や直接的な被害があれば、ヒトはそれを「駆除」という名のもとに殺してしまうこともある。しかし、相手を自分（ヒト）の尺度で「かわいい」と思うその先に、自分とは異質な相手の存在、「生き物の尊厳」を認めることができるのであれば、「かわいいから殺してはいけない」という感情論ではなく、ヒトも野生動物もともに生きられる工夫を理性的に考えていくことができるのではないだろうか。さらに言えば、自分の尺度で「かわいくない」「いやだ」「きらいだ」と感じてしまう生き物についても、相手と向き合う見方によって、心の中に以前とは別の感情を抱く可能性も広がるだろう。動物園でお客さんに「かわいい」と言われる動物も、サルの1種ヒトから嫌われがちな生き物も、ヒトが恩恵を預かる自然の一員であり、「私」と対峙する相手「あなた」なのである。

　自然の世界は、もともと「食う・食われる」の連鎖によって排泄物も遺骸もすべて資源となるリサイクルの世界である。ヒトがそれを乱したツケは時空を超えてどこかへ回り、やがては必ず自分に返ってくる。自分の生活や社会を見直す努力が億劫になったとき、自分と相手を相対化する見方が「生き物への尊厳」を思い出させ、野生生物とともに生きるための活力を与えてくれる、と私は思うのだが、皆さんは果たしてどのように思われるだろうか。

第6章

子どもと身近な自然をつなぐ

～井の頭自然文化園の取り組み

井の頭自然文化園　天野未知

1. 身近ないきもの探検

　7月のある日曜日の朝、事前募集のプログラム「身近ないきもの探検」に小学校3年生から6年生の子どもたち20人が集まった。やることは二つ。一つは、動物園の敷地内でなるべく多様な生きものを探して捕まえること。目標は175種。もう一つは、それぞれの生きもののすごいところを見つけること。175種という目標は、地球上の名前の付いている生きもの175万種の1万分の1だが、この数字にあまり意味はない。目標を高く設定することで目立たない生きものにも目を向けてもらえたらと考えた。外に出たとたん、子どもたちはすぐに地面をはっている小さなアリや建物の壁に巣を作っているクモを探し出した。その気になって探せば、いろいろな生きものがすぐ身近で見つかる。

　私たちスタッフは子どもといっしょに生きものを探したり捕まえたりするが、種名や生息分布など図鑑に書いてあるような知識は極力伝えないようにする。それよりも「こういうところにも、生きものがいるよ！　さがしてみよう」「このイモムシは鳥のフンそっくりだよね。なぜだろう？」という具合に、生きもののくらす場所や生きていく知恵などを知るきっかけを作るようにする。

　外での活動のわずか2時間に、子どもたちは大きく変化する。最初は小さなアリさえも触れずに「とって！」と頼んでくる子も、そのうち他の子の勢いに押され、大きなバッタを手づかみで捕る。何も見つけられなかった子も、そのうちいろいろな虫が見えてくる。1時間もすれば男の子たちが共同戦線をはって石の下のトカゲを捕まえる様子も見られる（図1）。子どもはもともとそういう力を持っているに違いない。

図1 トカゲがいたよ！ どこどこ？

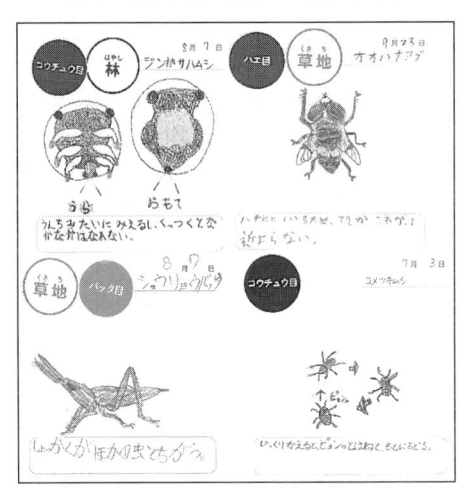

図2 子どもたちが作った「生きものカード」

お昼をはさんで午後は「生きものカード」を作る。生きものの絵とその生きものについて「すごい！面白い！」と思ったことを1枚のカードにする。子どもたちは、実際に生きものを探して捕まえることで、バッタの驚くほどの跳躍力や足に触るとチクチクと痛かったことなどを体験している。だから、その後にバッタの体をじっくりと観察すると、「この長い足でジャンプするんだ。痛かったのは足にたくさん生えている棘だったんだ」というように体験したことと観察したことが結び付く（図2）。カマキリのカマの小さな突起一つ一つを詳細に描いた子、コメツキムシの面白い動きを描いた子、それぞれの子どもが独創的なカードを作った。そして、最後はみんなのカードを並べて貼り、こんなに多様な生きものがいたこと（なんとこの日は108種も見つかった）、それぞれに発見があったことを確認しあって、終了となった。捕まえた生きものを飼いたいという子もいて、カブトムシやトカゲを持ち帰った子もいた。

　このプログラムは2011年に3回行った。動物園の活動だが、飼育動物は活用せず、園内の自然と「いきもの広場」という展示を利用したちょっとユニークなプログラムだ。この広場については後ほど詳しく紹介する。井の頭自然文化園（以下文化園）は子どもと身近な自然をつなぐことをねらいとした展示や教育活動に、この何年かの間、積極的に取り組んできた。「身近ないきもの探検」

もそんな取り組みの一つだ。子どもと自然をつなぐというのはどういうことなのか、なぜ大事なのか、どんな取り組みをしてきたのか、まだ試行錯誤の段階ではあるが紹介したい。

2. 動物園の教育活動

　動物園は何を伝えられるのか、何を伝えるべきなのか。私は動物園での教育普及を担当して5年目になるが、なかなか答えを出せないでいる。動物園の教育について書かれた書物も少なくないが、現場で実際にやってみるとこれでいいのかと迷うことばかりである。そんな私が動物園の教育について著すのはおこがましいが、職場の上司や先輩から教わってきたこと、現場で体験し感じてきたことをもとに、動物園の教育活動をどうとらえて活動を行っているかを話したい。

　動物園の基本的な教育媒体は動物の展示そのものだ。「生きている動物」自体が、来園者に多くのことを伝えることができる。圧倒的な大きさ、美しさ、不思議な姿形、しなやかな動き、興味深いしぐさ、息づかい、鳴き声、におい等、実物のもつ力は何ものにも代えがたい。図鑑やテレビ、インターネットでも、動物の情報は得られるが、「実物」を見に多くの人が動物園にやってくる。ある動物が絶滅の危機にあることを伝えるときも、実物を目の前に伝えたほうがずっと効果があるだろう。実物の力は大きい。しかし、ただ動物を見せるだけでは今日の動物園は存在を許されない。来園者に強い印象を与え、多くのメッセージを発信する展示、動物の魅力を最大限引き出した展示を作ることにそれぞれの動物園が創意工夫をこらしている。

　そして、展示の力を活かし、さらに多くのメッセージを来園者に発信していくのが教育活動だ。その動物の素晴らしさや面白さ、すんでいる環境や食べ物、置かれている状況やその原因、それらの動物を守るために私たち人間は何ができるのか、伝えていくべきことは無限にある。動物園は様々な教育プログラムを通して、来園者に可能な限りたくさんのメッセージを発信していく使命がある。

　一方でメッセージを受け取る側の来園者は多種多様だ。年齢、性別、社会的立場、興味の対象や関心の度合い、来園目的が一人一人違う。一人でも多くの

人に伝えていくにはどうしたらいいのか。一つは来園者の多様性に対応できる多様な活動を実施することだ。例えが適切でないかもしれないが、大きさや形、仕掛けが異なるトラップをたくさん仕掛けることで、より多くの来園者を引き付けることができるはずだ。

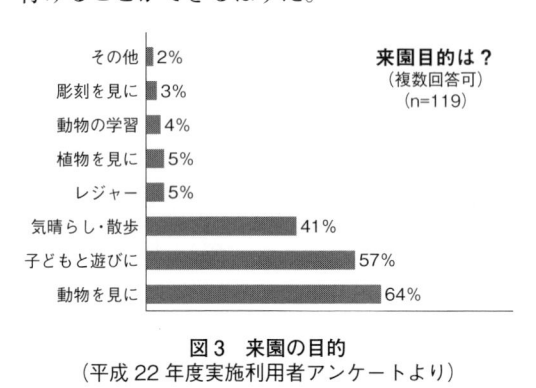

```
来園目的は？
（複数回答可）
(n=119)

その他          2%
彫刻を見に       3%
動物の学習       4%
植物を見に       5%
レジャー         5%
気晴らし・散歩   41%
子どもと遊びに   57%
動物を見に       64%
```

図3　来園の目的
（平成22年度実施利用者アンケートより）

トラップ一つ一つにも工夫が必要だ。動物について学ぼうという目的で動物園に来る人は少ない。利用者アンケート（平成22年度実施）によれば文化園への来園目的は、動物を見に（64％）、子どもと遊びに（57％）、気晴らし・散歩（41％）が上位3つを占め、動物の学習目的の人はわずか4％だ。教育普及担当としては、心底がっかりする数字だ。上野動物園では4％、多摩動物公園では2％とそれほど変わらない（図3）。

　学習目的でない来園者を引き込むにはどうすればいいのか。敷居が低く、気軽に参加でき、楽しんでいるうちにいつのまにか動物について学べる、そんな教育プログラムが理想的だ。しかし、そんなものは一朝一夕で作れるものではない。こちらが楽しいと思っていても、来園者には魅力的でなかったとか、楽しかったけれどもこちらの意図は伝わっていなかったとか、失敗も多い。一方で、敷居が低いプログラムはどうしても内容が簡単で浅くなりがちである。より関心の高い人、より深く知りたい人にも応じる教育活動にもきちんと取り組まなくてはいけない。学習目的の来園者が4％という数字も、年間来園者が約75万人の当園では3万人にもなる。この数は決して少なくはない。誰を対象とし、何についてどこまで理解することを期待するのかを明確にし、実施、評価、改善を繰り返しながら、それぞれに工夫をこらした多彩な教育活動を展開することが大事だろう。

3. 文化園らしい教育活動

　しかし、やるべきこと、やりたいことはたくさんあっても、実際は人も時間も足りない。日本の場合、教育専任の職員がいる動物園自体がそれほど多くないので、教育普及係がある当園は恵まれている方であろう。それでも、実施できる活動は限られ、何を優先するのかを決めなくてはいけない。そこで重要になるのが教育活動の方向性だ。当たり前だが、動物園によって展示方針も来園者層も異なる。教育活動もそれぞれの性格に合わせて行うのが自然だ。文化園らしい教育活動とは何だろう。

　文化園は、都立動物園3園のなかでは、小さな子どもたちが初めて訪れる入門動物園、また郷土の動物園として位置付けられている。モルモットやヤギなどの家畜、アジアゾウやカピバラもいるが、主になるのは日本産動物の展示だ。本園ではタヌキ、アナグマ、ツシマヤマネコ、ニホンリス、和鳥などを展示し、分園ではガンカモ類などの水鳥と関東周辺の淡水生物を展示している水生物館がある。

　また来園者層にもいくつかの特徴がある。小学生以下の子どもが多い（38％）のは上野動物園や多摩動物公園と同様だが、利用者アンケート（平成22年実施）によると、来園者のうち58％が近隣の区や市の住民で、文化園の周辺に住んでいる（図4）。さらに、年間パスポート（一年間に何回でも入園できる券）利用者の割合（平成22年度）が約14％と上野動物園3％、多摩動物公園3％よりも高い。

図4　来園者の住所
（平成22年度実施利用者アンケートより）

　日本産の動物、つまり身近な動物を中心に展示している動物園。地域の子ども連れが何度も訪れる動物園。加えて、都会にありながら多くの樹木と池を有する大きな公園に隣接している動物園。このような文化園の特徴を活かせる教育活動は、子どもと自然をつなぐこと、とくに身近な自然とつなぐことかもしれない。世界中の多種多様な動物を展示している上野動物園、広い放飼場での

群れ展示など動物の生態を見せている多摩動物公園では、違う教育活動の展開があり得るが、文化園であればこの方針が大きな柱になるのではないか。

4. 子どもたちに今、大事なこと

　子どもと自然をつなぐことがなぜ大事なのだろう？　今の子どもたちと動物や自然との関係が希薄であることは誰もが知っている。来園する子どもと接していても、それをじわじわと肌で感じることができる。サマースクールや観察会などのプログラムに参加する子どもは、当然ながら動物が好きな子が多い。ところが、一昔前の動物好きとちょっと違う。何でもよく知っていて、「亜種」とか「絶滅危惧種」などの難しい用語も使う。図鑑に書いてあるようなことを全部教えてくれる子もいる。しかし、そういう子に限って動物に触れなかったり、動物のうんちを極端にいやがったりする。調理場では「くさい」といって鼻をつまみ外に出てしまう。バーチャルな動物は大丈夫でも、生身の動物はだめなようだ。動物園に来る子どもの中にもこういう子がいるということは、動物園に来ない子どもたちはどうなのだろう？　子どもだけではなく、親の意識にも変化を感じる。極端な虫嫌い、○○嫌いな親が少なくない。投書で「なぜ気持ち悪いカエルをクイズの題材にするのか」とか「ヘビを目立つところで展示する必要があるのか」という意見をもらうこともある。あまりに自然との関係が希薄になりすぎて、人間もヒトという動物の1種で、地球上にくらす多様な生きもののネットワークのなかで生かされていることを忘れてしまっているのかもしれない。

　ところで、1980年にIUCN（国際自然保護連合）は動物園の二大機能として「種の保存」と「環境教育」を挙げた。環境教育こそが動物園の果たすべき大きな役割であるとされてから30年以上も経つ。いったいどんな環境教育ができるのか、動物園の教育普及担当を悩ませることの一つだが、それはおいておく。教科書に書かれている環境教育の最終的な目標を動物園流にアレンジすると、「動物や自然に起こっている問題に気付き、関心を持ち、動物や自然を守るために何かをしたいと強く思い、そのために必要な知識や技能を身に付け、問題解決のために行動できる人を育てる」ということになるだろう。これについてもいろいろな議論があるがここではおいておくとして、では、環境教育を進めて

いく上で何が大切かを考えると、動物や自然を守りたいという「気持ち」、つまり行動へつながる原動力と「体験」と動物や自然に関する正しい「知識」の三つが主に挙げられるだろう。このうち、子どもの時期には、とにかく自然の中での「体験」をたくさんすべきだ（図5）。図鑑やインターネットで得る知識よりも、実体験を通して

図5　自然の中で遊ぶ子どもの姿は、ほとんど見られなくなった。

得た知識のほうが本当の意味で身に付く。そして何より、感受性の豊かな時期に自然の中に身を置いて感じた自然や動物に対する強い印象は、大人になってから自然や動物を尊く思う気持ちにつながるはずだ。子どもの時期に自然の中でたくさんの体験をして、自然との一体感や共感を熟成させることが環境教育には大事だと思う。

5.　暮らしの中の遊びではなくなった自然体験

　しかし、今の子どもの自然体験の機会は極端に減っている。独立行政法人国立青少年教育振興機構が小4、小6、中2の子どもに自然体験の頻度について聞いた調査がある（「青少年の体験活動等と自立に関する実態調査」平成10、17、21年度）。青少年の体験活動の実態についての全国規模の調査で、子どもの時期にどんな体験が必要かを知るための基礎調査とされている。体験のなかでも自然体験は「生きる力」と深く関わっているとされ、平成21年度の調査では、自然体験の豊富な小中学生ほど道徳心・正義心が強い、高学歴だと報告されている。自然体験の頻度の現状や変化を知るのにも興味深い。例えば、平成10年と21年の結果を比べてみると、「海や川で泳いだこと」のほとんどない子どもは10％から30％、「海や川で貝をとったり、魚を釣ったりしたこと」のほとんどない子どもは22％から42％と増えている（図6①②）。身近な水辺が失われつつあること、また海や川が身近にあっても汚染や護岸などで環境が大きく改変されて近付けないことを考えると、しかたがないことかもしれない。親が連

図6 子どもの自然体験の頻度

① 海や川で泳いだこと

小4・小6・中2合計	何度もある	少しある	ほとんどない
H10	60	30	10
H17	42	32	26
H21	40	30	30

② 海や川で貝をとったり、魚を釣ったりしたこと

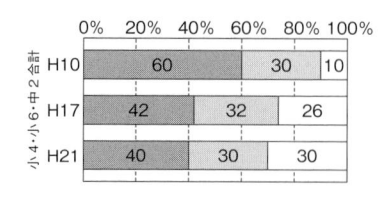

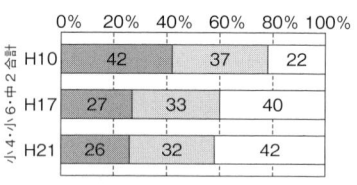

小4・小6・中2合計	何度もある	少しある	ほとんどない
H10	42	37	22
H17	27	33	40
H21	26	32	42

③ チョウやトンボ、バッタなどの昆虫を捕まえたこと

小4・小6・中2合計	何度もある	少しある	ほとんどない
H10	50	31	19
H17	35	30	35
H21	32	27	41

④ 野鳥を見たり、鳴く声を聞いたこと

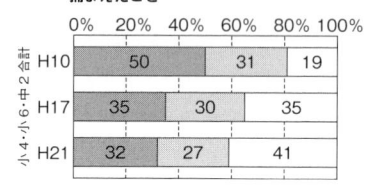

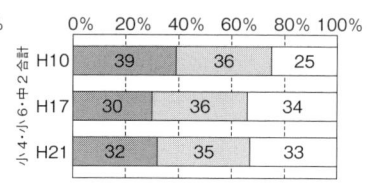

小4・小6・中2合計	何度もある	少しある	ほとんどない
H10	39	36	25
H17	30	36	34
H21	32	35	33

■何度もある　□少しある　□ほとんどない

図6　子どもの自然体験の頻度
（青少年の体験活動等と自立に関する実態調査・平成21年度報告書より）

れて行かない限り、このような体験は難しくなってしまった。しかし、次の結果には驚かされた。「チョウやトンボ、バッタなどの昆虫を捕まえたこと」がほとんどない子どもは19％から41％と、この11年で2倍にも増えている（図6③）。ほんの数十年前、私が子どもの頃は、ごく普通に学校帰りに虫を捕まえていた。自然体験は日常の暮らしの中にあった。今は、親にどこかに連れていってもらうとか、どこかの団体が実施する観察会に参加するなどの特別な体験になってしまったようだ。また、平成21年の調査で「野鳥を見たり、鳴く声を聞いたこと」のほとんどない子どもが33％という結果も興味深い（図6④）。都会でもヒヨドリやオナガの声は聞こえるし、チョウやバッタもいなくなってしまったわけではない。身近にいる生きものの存在にさえ気付けなくなってしまったのかと思うと、とても心配になる。

6. 子どもと自然をつなぐ取り組み

　子どもに自然体験をさせてあげたい。子どもと自然をつなぐ橋渡しをしたい。この5年間、そう思って活動をしてきた。といっても、教育プログラム全体を

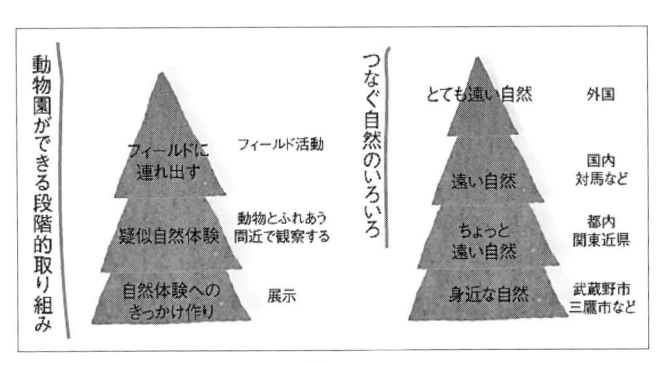

第6章 子どもと身近な自然をつなぐ

図7の説明：
- 動物園ができる段階的取り組み
  - フィールドに連れ出す（フィールド活動）
  - 疑似自然体験（動物とふれあう 間近で観察する）
  - 自然体験へのきっかけ作り（展示）
- つなぐ自然のいろいろ
  - とても遠い自然（外国）
  - 遠い自然（国内 対馬など）
  - ちょっと遠い自然（都内 関東近県）
  - 身近な自然（武蔵野市 三鷹市など）

図7

　その目標に向かって体系的に組み立てたわけではない。すでに実施していた活動を軌道修正したり、新たなメニューを盛り込んだり、また思い付いた活動をとりあえず実施してきた。この原稿を書くにあたり、ばらばらに実施してきた活動を整理し、分類してみた。まず、動物園ができる取り組みを段階的に三つに分けた。第一段階は動物や自然に関心や興味をもってもらう活動だ。生きている動物の展示自体がその役割を果たしている。また展示を活用した活動のねらいもまずはそこにある。次は動物園内での疑似自然体験。例えば動物に触れる、間近で観察する体験は、興味や関心につながるのはもちろんのこと、自然に出ていく前のトレーニングにもなるだろう。そして最後は実際にフィールドに連れ出し自然体験をしてもらうことだ。

　つなぐ自然にもいろいろあるが、距離という尺度で分けた。一つはご近所の自然、文化園であれば武蔵野市や三鷹市の自然である。次にちょっと遠い自然、日帰りで行ける東京都内や関東近県などの自然だ。そしてかなり遠い自然、ツシマヤマネコのくらす対馬などだ。さらに、文化園ではないが、もっと遠いアフリカなどの自然とつなぐ活動も、他の動物園ではあり得るだろう。どの段階に取り組むのか、どの自然とつなぐのかによって様々な活動がある。この分類に沿って具体例を紹介する（図7）。

6.1 自然体験へのきっかけ作り

・身近な動物の展示

　生きている動物の展示自体が、動物や自然へ関心を持つきっかけになる。動

物園は自然への窓口と言われるのはそういう理由からだろう。文化園は日本産の動物を常設で展示しているが、特設展示ではより身近な生きものの展示に力を入れてきた。例えば2011年に開催した企画展「小さなふしぎ、大きな発見」では、ニホントカゲ、アズマヒキガエル、アメンボ、ハサミムシなど園内でも見られ

図8　園内にいるような生きものを展示した特設展示「小さなふしぎ 大きな発見」

るような生きものを展示した。珍しくもない、ごく普通にいる生きものの展示だが、親子連れに大変人気があった。今の子どもたちは身近に生きものがいてもその存在に気付かない場合が多い。生きものを見つける目を養う機会がないのだ。解説では、その生きものをいつどこで見つけられるかも紹介した。今の時代、たとえ身近なものでも生きものを見せる施設が、子どもにとっていかに貴重であるかを感じる。

・視点の提供

　どのように動物を見れば面白いのかという視点の提供も大事だ。物のもつ価値は物自体にあるのではなく、それを見る私たちの視点にあると言われるが、動物も同じだろう。ただ漫然と見るだけでは、その魅力や面白さに気付かない場合が多い。こう見ると面白いということがわかると、その動物の価値はぐっと上がる。どんな生きものもまわりの環境に適応し、巧みに生き、次の世代に命をつないでいる。人間にはとてもまねできないようなことをやってのけている。面白くないはずがない。なぜこんな姿形をしているのか、何を食べているのか、どうやって獲物をみつけるのか、どうやって身を守っているのか、どうやって子孫を残すのか、動物の見方を習得すれば、実際の自然の中でも動物の面白さを発見する楽しさを味わうことができる。

　視点の提供は、すべての教育活動で重視している。例えば教育プログラムで使うクイズは、極力、知識を問うのではなく観察すればわかる内容にしている。

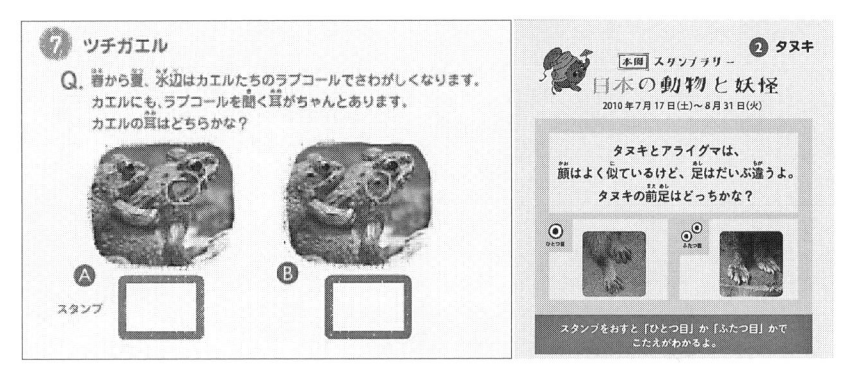

第 6 章　子どもと身近な自然をつなぐ

図 9　動物を観察すれば答えがわかるクイズ

　カエルの耳はどこにあるのか、アナグマはどんな足をしているかなどの観察へ誘導し、自ら答えを発見してもらう（図 9）。答えの解説は、例えばアナグマの足は穴を掘るのに適しているというように、観察したことの（適応的）意味を伝える。観察を通して自ら答えを発見し、その意味を理解することは楽しい。同様に動物舎の解説も、「こう見ると面白い」というのを大切にしている。

・体験型展示

　視点の提供は、幼児から小学生低学年までぐらいの小さな子どもの場合は、頭ではなく体で理解できるもののほうが良い。子どもはほとんど文字情報を読んでくれない。特設展示では「体験型展示」にも取り組んできた（図 10）。カエルの摂餌方法を伝える「カエル鉄砲」、ダンゴムシが脱皮して成長することを伝える「脱皮ぬいぐるみ」などだ。遊びながら、楽しみながら、動物の不思議や面白さを感じ、その後でそれを展示している実物で確認して欲しいと考えた。子どもだけでなく大人も夢中になって利用する様子がみられた。しかし、こちらが伝えたいことが伝わらず楽しいだけで終わってしまう場合もあり、体験型展示の難しさも感じる。

・切り口の工夫

　来園者を引き付けるための切り口の工夫も大事だろう。2010 年に開催した特設展示「100 かいだてのいえのどうぶつたち」では、子どもたちに人気の絵本の各ページを天井まで大きく引き延ばしたパネルを作り、そのページに登場する生きものや映像をパネルの中に組み合わせて展示した。絵本の世界の中に、

図10 様々な体験型展示

図11 人気の絵本を入口に生きものへの関心へつなげる、特設展示「100かいだてのいえのどうぶつたち」

本物のカタツムリやカエルがいて、穴をのぞくとキツツキのドラミングが映像で見られるといった、絵本の世界と生きものの世界両方を楽しめる内容だ（図11）。絵本の魅力とユニークな展示方法が子どもを引き付け、本物の生きものへの関心へつながることを期待した。親子で長い時間過ごす様子が観察された。

また2008年から毎夏、妖怪という切り口で日本産の動物を紹介するスタンプラリーを開催した。参加者は「妖怪ブック」をもらい、妖怪として描かれた日本産動物のイラストや解説を見ながら、園内をめぐる。参加者は動物を観察し

てクイズに答えスタンプを押す。「妖怪」といった切り口で、地味と思われがちな日本産の動物に来園者を引き付けるのがねらいだが、それだけではない。多様な妖怪を生み出した日本人の自然や動物を感じる豊かな感性や鋭い観察眼を知って欲しいと考えた。身近な動物は、身近だからこそ自分も含めた人間との関わりも深い。人間と動物、人間と自然との関わりについて考えるきっかけにもなる。そこに身近な動物を扱う大きな意味がある。

6.2 動物園内での疑似自然体験

動物園内で、自然体験に近い体験を提供することも可能だ。例えば、サマースクールでニワトリやヤギにふれ、餌をあげる。間近でうんちやおしっこをするところを見る。「モルモットのふれあい」コーナーでモルモットを膝の上に乗せてだっこする。野生の哺乳類と出会う機会がほとんどない今の子どもたちにとって、家畜とのふれ

図12 アメリカザリガニに触れられる「まっかちんに挑戦！」

あいは命の温かさ、重みを知る意味でも大事だが、動物を理解するうえでも重要な体験になる。また通り抜けができるニホンリスの展示舎で、家畜ではない野生の動物の存在を間近に感じ、観察する体験も同様に大事だろう。その他、定期的に行っている「まっかちんに挑戦！」では、アメリカザリガニに触ることができる。最近はアメリカザリガニさえつかんだことがない子どもも少なくない。一時間もの間、その場を離れない子もいて、いつもたくさんの親子でにぎわうプログラムだ（図12）。これらの体験は自然に出ていく前のトレーニングとしても役立つだろう。

6.3 フィールドへ連れ出す

子どもを自然につなぐには、自然の中に連れて行き、実際に体験させるのが一番だ。しかし、どのような体験をさせるかは、様々なやり方があるだろう。つなぐ自然との距離（図7参照）の順に紹介するが、身近な自然に連れ出す取り組みは後ほどにして、少し遠い自然につなぐ活動から話す。

・都内に残る里山での観察会

　文化園ではタヌキやアナグマなど里山の動物を展示しており、タヌキをテーマにした特設展示を開催したり、周辺でのタヌキ目撃情報を集めたりといった活動をしてきた。昔話によく登場するタヌキの知名度はとても高いのに、実際にどんなくらしをしているかはほとんど知られていない。2009年、2010年に、小学生とその家族を対象とした観察会を青梅市内の里山で開催した。このような観察会は、そこに暮らし、そのフィールドをよく知っている人の協力が欠かせない。そういった方にガイドをお願いし、里山を歩きながらタヌキの「ためフン」やアナグマの巣穴などを観察した。また、里山の暮らしと動物との関わりについても話してもらった。参加者へのアンケートからは、意外にも身近に哺乳類のくらす自然があること、そこには人間と動物の様々な関わりがあることに強い印象を受けたことがうかがえた（図13）。他にも、長野県茅野市でのニホンリスの観察会、福島県天栄村でのノウサギの観察会など、展示している動物がくらす自然を訪ねる取り組みをしている。

参加者へのアンケート（自由意見）から抜粋

■タヌキのふんに輪ゴムが入っていたことが印象的だったらしく、キャンプでも気をつけようねと話している。■今現在の自分の暮らし方と、少し前の世代のこと、「疥癬」のこと、身近な動物との共存のこと、子どもなりに考えるきっかけになったようだ。■東京にすむ野生動物に親しみが増した。

図13　里山を歩き動物のフィールドサインをさがす観察会、タヌキのためふん

・ヤマネコミニ講座と対馬体験ツアー

　次にかなり遠い自然、ツシマヤマネコの生息地である対馬とつないだプログラムを紹介する。ツシマヤマネコは絶滅の危険性の最も高い哺乳類の一つとされ、文化園では2006年から飼育を開始し、繁殖にも取り組んでいる。2008年と2011年に対馬市と共催で、小学生高学年を対象に行ったこのプログラムでは、動物園と対馬それぞれでの活動を組み合わせた。動物園では実物をじっくり観

第6章　子どもと身近な自然をつなぐ

察すること、なぜヤマネコが減ってしまったのかを考えることを柱に「ヤマネコミニ講座」を実施した。参加した子どもには家に帰ってからヤマネコへの手紙を書いて提出してもらった。時間をおいて、講座で学んだことを振り返り、考えてもらうためだ。そして作文の中から対馬市長賞を選び、受賞者は対馬市からの招待で対馬に行く体験ツアーに参加した。対馬ではヤマネコの生息地を訪ねる、ドングリの苗を植えるなどの保全活動を体験した（図14）。アンケートからは、現地での体験が体に強い印象を刻みこんだこと、自分も何かしなければいけないと強く感じたことがわかった。

参加した子どもの作文から抜粋

■対馬の森は自然のにおいがしました。自然のにおいは、ちょっと湿ったにおいと、落ち葉のにおいが混ざった感じ。においをかいで気持ちよかった。

■人間がせいかつを便利にするために作った道路で死んでいました。人間も動物もいごこちよくくらしていける方法はないのかな？　私たちが考えなくっちゃ。

図14　対馬体験ツアーでドングリの苗を植える子どもたち

　対馬では身近な自然ではできない貴重な体験ができる。しかし、つなぐ自然が遠いと、連れて行ける子どもの数が限られ、またその後、同じ場所での自然体験へつながりにくい。外国よりは日本、遠い山や川よりは日帰りできる山や川、もっと気軽に行ける近くの池というように、つなぐ自然が身近になるほど、多くの子どもをつなぐことができ、さらに深く関わることができる。子どもにとっても身近な自然のほうが一体感や共感が生まれやすいはずだ。そして、動物園にとっても身近な自然での活動の方がやりやすい。身近な自然とつなぐ取り組みを二つ紹介する。

・親子で川遊びを楽しむ

　生きものをただ観察するだけでなく、探したり捕まえたりすることを楽しんでほしい。さらに自分で捕まえた生きものを家で飼う楽しさを知ってほしい。そう考えて企画したのが「親子で川遊び～川で生きものをとってみよう、飼っ

てみよう」というプログラムだ。2006年から毎年夏に、小学生連れの親子を対象に三鷹市内の公園の中を流れる小川で実施している（図15）。大事にしているのは、事前に川での遊び方や持ちものを伝え、当日は安心して川遊びを楽しめるようにすること。子どもが自ら生きものを探したり捕まえたりする力を引き出せるよう、すぐにやり方を伝えないこと。家での飼育を楽しめるように、飼育係が誰でもできる飼い方を伝授することだ。5年間、実施し、評価し、改善を重ねてきた。初回に驚いたのは、子どもそっちのけで魚捕りに夢中になるお父さんがいるかと思えば、親は全く川に入らない場合や、子どもは生きものを持ち帰りたいのに親が反対し、けんかになってしまったことだ。プログラムの最終的なねらいは川遊びの体験が一度きりにならず、その後も参加者自身が川遊びを継続してくれることだ。そのためには親も自然体験を楽しみ、生きものが好きという子どもの気持ちを理解することが大切だ。その後は、子どもといっしょに川遊びを楽しんでほしい、子どもが生きものを飼いたいという気持ちを大切にしてあげてほしいというお願いを、事前に手紙でするようにした。

　参加者へのアンケートからは、自然体験をしたいけれども場所も方法もわからないという人が少なくない現状や、このプログラムに参加したことが家で生きものを飼うという体験や、同じ川で再び遊ぶという体験につながったことがわかった。

参加者へのアンケート（自由意見）から抜粋
■アウトドアはおしゃれなレジャーのようで、車を持たない我が家には手の届かないものと思っていた。こんなに近くに遊べる川があるとは知らなかった。■本で調べるだけでなく、自分で捕って飼うということが、本人の身になっていると感じる。■ザリガニが脱皮したのを見て、友達を呼んできて大騒ぎ。毎日世話に一生懸命です。■次の週にまた子どもと遊びに行ってきました。

図15　川で生きものを探したり捕まえたりして川遊びを楽しむ

・都会の公園の池を活用する

　文化園の水生物館は井の頭恩賜公園の中にある井の頭池に面している。井の頭池は都市公園の中の湧水池で、かつては飲み水に使われるほど湧き水が豊富で、多様な生物がくらしていた。しかし、湧水量の枯渇など環境の悪化にともない生物相も大きく変わってしまった。外来種や餌やりの問題などもかかえており、まさに生きた教材である。水生物館では井の頭池を展示の大きなテーマとしており、池を活用した様々な教育活動を実施している。このなかで、毎年夏に小中学校の先生を対象に行っているプログラムを紹介する。内容は、簡単にいうと、井の頭池の生きもの調べだ（図16）。どんな生きものがいるかの予想からスタートし、カゴわなを仕掛ける、双眼鏡でカメを探し、種ごとにカウントする、釣り竿探しから始まるザリガニ釣り、四つ手網をあげるなどの体験をとおして気付いたこと、発見したことをまとめる。フィールド活動の前と後に、水生物館内の井の頭池をテーマにした展示を使って環境や生物相の変化を学ぶ。自ら考え、体験を通して気付き、理解してもらうことをねらいとし、そしてなるべく楽しい自然体験を盛り込んでいる。先生へのアンケートからは「百聞は一見にしかず」と、体験の重要性を感じたという意見が多かった。このような体験が、大人にも強い印象を与え、深い理解につながったことがわかる。また、このプログラムのねらいでもある、先生がさらに多くの子どもたちに自

先生へのアンケート（自由意見）から抜粋

■どんなにたくさん文字を読むよりも一度見ることによってこれだけ理解ができることを痛感した。■トラップをあげるときのワクワク感は自然と親しむための土台だなぁと感じた。■子どもたちにも、自分で見つける、つかまえる、実際に見る、さわるなどできる範囲で実践したい。■近くの池の生きもの調べを今度子どもとやってみようと思う。

図16　子どもを対象にした「親子で井の頭池たんけん」

然体験の楽しさを伝えることにつながる可能性もうかがえた。

　フィールド活動は、他にも様々な団体が行っているが、動物園だからこそできるフィールド活動があると考えている。例えば、「ヤマネコミニ講座」のように動物園を事前学習の場として利用し、その後フィールドへ行く。井の頭池のプログラムでもフィールド活動と水槽展示の観察を組み合わせることで、よりわかりやすく、より深い理解を期待できる。「親子で川遊び」では家での飼育方法を伝えているが、それは飼育のプロがいる動物園だからこそできることだ。また、動物園という施設は多くの人を集めることができ、敷居の低さから自然体験にあまり関心がない人も引き入れる可能性を秘めている。

　文化園は地域に根ざした動物園だ。フィールド活動をするとともに地域の自然をもっと知る努力をし、地域の自然情報発信基地になりたいと考えている。

7.　動物園の中にある「近所の自然」

　これまでに紹介してきた活動は試行錯誤の段階で、未だ完成形ではない。やってみて、いろいろな失敗もある。プログラムは参加者と作るものだ。前回はうまくいったのに、今回はだめだったというように、参加者が違えば結果が異なる。毎回、参加者から改善点を教えられる。実施と改善を繰り返して、少しずつ良い活動にしていきたい。また、より良い活動にするには、きちんと評価しなくてはいけない。時間がないと言い訳をして、ほとんどやっていないのが現状だ。教育活動に参加した子どもたちの意識がどのように変わって、どのような行動につながったのかが知りたい。今後、取り組むべき大きな課題だ。

　最後に、冒頭の「身近ないきもの探検」で活用した「いきもの広場」を紹介したい。今までに話してきたように、子どもと自然をつなぐ方法も、つなぐ自然もいろいろだ。しかし、身近であればあるほど、その後何度も深く関わることができ、一体感や共感が生まれやすい。とくに小さな子どもたちに必要なのは、暮らしの中の遊びとしての自然体験だと思う。つまり近所の自然の中での体験だ。ならば、園内に子どもたちが遊べる近所の自然を作ろうと、2010年から「いきもの広場」の整備を始めた。広場ではなるべく多様な生きものをなるべく密度高く見せたいと考えた。コナラやクヌギの雑木林を作ったり、池を作ったり、草原を作ったりした、いわゆるビオトープだが、子どもが生きものと

第 6 章　子どもと身近な自然をつなぐ

図 17　子どもたちが生きものに出会える仕掛けをたくさん作った「いきもの広場」

出会えるような仕掛けをたくさん作っている（図 17）。子どもが転がせるぐらいの石を積んだ山、石や落ち葉の下の生きものが観察できる観察ボード、園内の落ち葉を積んだ腐葉土箱、フン虫を集めるための動物のフン置き場、ドロバチの仲間が巣を作るための竹筒を重ねたハチ宿、昆虫の食草となるような様々な植物などだ。さっそく観察ボードの下には、アズマモグラの坑道やアズマヒキガエルが見られ、石積みの中にはニホントカゲやニホンカナヘビ、植えたエゴノキにはエゴヒゲナガゾウムシや柑橘類にはクロアゲハの幼虫など、様々な生きものがやってきた。いきもの広場は今まで「身近ないきもの探検」のような単発のプログラムで活用してきたが、2012 年 4 月からは一般の来園者にも時間限定で利用してもらっている。いきもの広場の中では、なるべく自由に生きものを探したり、捕まえたりさせてあげたい。自然の中で生き生きと遊ぶ子どもたちの姿を見たい。

　文化園での子どもと自然をつなぐ取り組みを紹介してきたが、子ども向けだけではなく大人向けの講演会や観察会、障害を持った子どもたちに楽しんでもらえるようなプログラムなど、他にも様々な教育活動を実施している。他の動

物園でもそれぞれが個性的で素晴らしい教育活動をしている。動物園ができることはまだまだたくさんあり、その可能性はとても大きいと強く感じている。みなさんも動物園の教育プログラムをどんどん活用して欲しい。また、若い人のなかに飼育係だけでなく動物園での教育活動をやりたい人が増えてくれるとうれしい。

8. 最後に

　教育活動は動物園単独ではじゅうぶんな効果を発揮できない。外部の様々な方と連携していくことで、より良い活動になる。ここで紹介したプログラムもたくさんの方の協力に支えられている。日本物怪観光造形作家の天野行雄さん、絵本作家の岩井俊雄さん、青梅市の熊谷さとしさん、中嶋捷恵さん、長崎県対馬市役所の玖須博一さん、対馬野生生物保護センターの皆さん、飯能市の佐藤浩一さん、エスペックミック株式会社の木村保夫さん、その他協力していただいたすべての方に感謝の意をささげたい。また、ともに普及活動を企画・実施してきた井の頭自然文化園の皆さん、ボランティアの皆さん、とりわけ同じ係の馬島洋さん、高松美香子さん、北村直子さんに感謝したい。最後に、教育活動のありかたや方向性に大きなアドバイスをいただいた葛西臨海水族園の荒井寛さんをはじめ、お酒の席で動物園・水族館のあり方について多くのことを教えてくれた大先輩の皆さんに感謝したい。

第3部 いのちを科学する

第3部　いのちを科学する

　第3部では、動物園や大学、あるいは両者が科学的な視点を持って野生動物の保全に取り組んでいる事例を紹介した。

　野生動物を自然の中で観察することには難しい面が多い。それに対して動物園では、動物に比較的容易に近付くことができる、操作や実験的方法が可能である、栄養面などへの配慮が可能である、などの幾つかの利点がある。実際に、野外での観察が難しい小さな動物を飼育することによって、その習性が明らかになった例も報告されている。こうした場合、野外での観察などを踏まえた上で知識化するという当事者の意識が大切となる。

　表題に掲げた「いのちを科学する」とは、野生動物への取組みを実証的、論理的、体系的に考え実行していくことを意味しているが、そこには二つの側面がある。一つは、様々な活動を体系的に行うとともに実証可能な知識として蓄積することであり、二つめは、他の分野を含めた個々の活動において蓄積された知識を応用することである。もちろん、蓄積と応用がフィードバックされ循環されるべきなのは言うまでもない。

　ここでは主に二つの視点から動物園における取り組みが述べられている。第一は身近な野生動物の保全への関わり方を通して見た主に知識や経験の蓄積の有り様という視点であり、一つには多摩動物公園を事例としてフィールドの活用の仕方を、もう一つは身近な動物としてのイモリを対象として幾つかの動物園が関わっている保全活動を取り上げた。ここには地道な活動の継続と知識の蓄積の重要さが示唆されている。第二は、他分野などの知識や技術の応用という視点であり、一つは野生動物の人工繁殖技術に焦点を当てその意義や内容、動物園等での応用例について言及したものであり、他はホルモン測定というバイオテクノロジーによって飼育されている動物の繁殖を進めている事例の紹介である。これらからは野生動物の保全に向けて様々な応用が重要であることがわかる。なお、第8章はグループで行っている実績であるが、執筆は児玉雅章（井の頭自然文化園）が行っている。

　野生動物の飼育や繁殖については、多くの知見が集められてきたが、いまだにわからないことも多い。実は「いのちを科学する」ことは、「守る」ことや「伝える」ことなど、すべての基本にあるとも言えよう。こうした中にあって、動物園と大学等がいっしょになって保全に向けての作業を科学的に進めていくことには大きな意義がある。

（土居　利光）

第7章

身近ないのちを科学する

———————————— 多摩動物公園　田畑直樹

　この章では「身近ないのちを科学する」という観点から多摩動物公園で何ができるか、どう利用してもらうのが良いのか紹介していきたい。すべてが網羅できるとは考えていないが、多摩動物公園の違った一面を理解して頂ければと思う。

1. 身近ないのちを科学するとは

　多摩動物公園での取り組みを述べる前にテーマについてしっかり定義付けをしておきたい。まず「科学する」であるが「科学」という名詞に「する」という動詞が付いたものである。「科学」を国語辞典で調べると「科学」とは「一定の目的、方法をもとに、種々の事象を研究する認識活動。またその成果としての体系的知識」とある。やさしく言えば「いろいろな事象を調べて明らかにすること。そして明らかになったことを蓄積していくこと」になるだろうか。また、「研究対象または研究方法の上で、自然科学・社会科学・人文科学などに分類される」とあるが、最近では世の中が複雑になっていることもあり、非常にオーバーラップしているように思う。例えば「環境」というキーワードで研究するとき、単純に自然科学だけで進めることができないことは容易に想像できるであろう。

　次に「身近ないのち」であるが、これは「私たちの周りにいる生き物」と定義してよいだろう。したがって「身近ないのちを科学する」とは「私たちの周りにいる生き物のことをもっとよく知ろう」「私たちの周りにいる生き物を調べてみよう」ということになるだろう。

こうした身近な生き物を知ろう、あるいは調べてみようという時、多摩動物公園はどう活動していて、どう利用していくのか、次節以降で紹介していきたい。

2. 多摩動物公園の歴史と特徴

具体的活動を紹介する前に、多摩動物公園についておさらいをしておきたい。

2.1 多摩動物公園の歴史

多摩動物公園は、1958年（昭和33年）5月5日、開園した。恩賜上野動物園が入園者の急増（400万人を超えるようになっていた）により狭あいとなっている。動物園事業の発展により展示方法が変化し、より自然に近い展示方法が求められている。自然保護の観点から希少動物の繁殖基地としての役割が求められている。これらの機能を恩賜上野動物園のセカンドズーとして多摩動物公園に持たせることが、多摩動物公園開園の目的であった（図1）。

当初は日本地区、南アジア地区、東北アジア地区と、アジアの動物を展示していた。しかし、ライオン、キリン、シマウマなどアフリカの動物がいないのはどうしてかという苦情が多く寄せられるようになり、1962年から64年にかけてアフリカ地区が整備された。

広さは53ha、一般開放公園となっている「程久保地区」「南平地区」を加えると、60haほどになる。広大な動物園敷地が、社会情勢の変化により貴重な自然環境となっている。

2.2 多摩動物公園の特徴

・多摩丘陵の雑木林が原風景

多摩動物公園の特徴はいろいろあるが、今回は身近な生き物を知ろうという観点から位置付けをしてみたい。開園目的でも述べたように希少な野生動物の繁

図1　林が若い，開園当時の園内風景
遠方に今も残るアジアゾウ舎の塔が見える。
（本章の写真はすべて（公財）東京動物園協会、多摩動物公園提供）

殖基地としての役割も大きいが、開園してからの社会情勢の変化により、周辺の自然環境が著しく変化し、多摩動物公園は多摩丘陵に残されたオアシスのようになった。この多摩丘陵の雑木林が特徴の一つとなっている（図2）。

・**日本の野生動物の飼育と展示**

開園当初の目的でもあったように、日本産動物の飼育にも力

図2　2008年に上空から撮影した多摩動物公園

を入れていた。この伝統が今でもしっかり位置付けられている。哺乳類65種類のうち、何と30種類が日本産動物である（表1）。例えば、野生状態でモグラを見た人はいるだろうか。私自身、死骸は何度か見たことがあるが、生きているものを見たことはない。普段、日本の哺乳類の場合、観察するのは結構大変である。本当に観察するには、場所を見極め、じっくり待つことが必要となる。しかし、多摩動物公園では、モグラもちゃんと見ることができる。自然界へ見に行く前に一度は見ていただきたい（図3）。

表1　員数表（2011年10月31日現在）

綱	目数	科数	種数	点数	群数	備考
哺乳綱	10	30	63	582		
鳥綱	17	29	100	942		
爬虫綱	2	7	10	21		
両生綱	2	2	2	33		
魚綱	2	2	12	63		
小計	33	70	177	1,641		
昆虫綱	18	49	137	29,781	3群	＊群数はハチ目の社会性昆虫が対象
他無脊椎動物	13	20	22	5,244		
小計	31	69	159	35,025	3群	
合計	64	139	336	36,666	3群	

図3 モグラ

図4 ニホンコウノトリ

ノウサギを野生で見た人はいるだろうか。冬、スキー場などに行くと足跡をよく見ることができる。運がいい人は観察できるかもしれない。私は飼ったこともある。餌付けいたし、大丈夫だろうと思っていたら逃げられてしまった。なぜかそれは満月の夜だった。理由は不明である。

多摩動物公園では年に一回、ムササビ観察会を実施している。高尾山の薬王院の本堂に入るちょっと手前の大きな大木に洞があって、そこに棲んでいる。夜になるとそこから出てくる。ムササビも本当に野生の状態を観察しようと思うとなかなか難しい。

多摩動物公園では、日本において野生では絶滅してしまったニホンコウノトリ、トキなども飼育しており、こうした希少野生動物の保全にも貢献している（図4）。

・昆虫園での飼育と展示

多摩動物公園の特徴は、何と言っても昆虫園を併設していることである。少々長くなるが、昆虫園の歴史から話をする。

昆虫園は、初代園長の林寿郎氏が当時豊島園にいた矢島稔氏を招いて1961年（昭和36年）4月1日に開設した「昆虫実験飼育室」が前身である。この施設はアジアゾウ舎の一画を改造したもので、間借り状態と言ってもよかった。1966年（昭和41年）、現在の生態園の原型となる「チョウの温室」と「バッタの温室」が完成し、公開された（図5）。そして、1969年（昭和44年）7月、初代昆虫園本館がオープンし、その全容が完成した（後にホタル飼育場も併設する）。

昆虫飼育の最初の目的は、昆虫を食べる哺乳類などの脊椎動物の餌として、昆虫を周年供給することであった。したがって矢島氏が最初に取り組んだのは、バッタの周年飼育・展示であった。これはバッタの温室ができる前には確立された技術となっている。バッタは周年展示はも

図5　バッタの温室

ちろんのこと、現在においても動物たちの重要な餌となっている。

現在、昆虫園では約140種類の昆虫類、クモ類、サソリ類を飼育しているが、ほとんどを周年展示している。特に昆虫生態園に放し飼いされているチョウ類については、年1回、沖縄への出張で新しい個体を入れているが、連綿と周年展示が続けられている。

3. 多摩動物公園ができること

多摩動物公園ができることとして、里山再生とそれを利用した環境学習について、昆虫を利用した活動について紹介する。

3.1 里山再生と環境学習

多摩動物公園は多摩丘陵の里山の原風景が特徴となっている。1950年代から70年代にかけて燃料革命が起こり、里山がエネルギーの供給源でなくなった。里山のエネルギー源とは薪と炭である。昔は、風呂は薪で沸かし、こたつは炭を使っていた。里山がエネルギーの供給源でなくなり、石炭・石油がこれに替わった。するとどうなるか。里山に人の手が入らなくなる。里山は人の手が入ってはじめて維持することができるので、入らなくなるとどんどん荒れていくことになる。多摩動物公園周辺の里山の雑木林は落葉樹林であるが、林をそのまま放っておくと、常緑樹であるカシ、シイの仲間など、照葉樹林帯の樹種が増えてくる。雑木林を手入れしないと林がどんどん暗くなり、ササやタケが繁茂して、非常に単層な林の風景になってしまう。雑木林が変化してしまうのである。

実は多摩動物公園も開園以来 50 年間、ほとんど手つかずのところがあり、本来の里山ではなくなってきている。後で紹介するが、最近それを元の風景に戻そうということで、いろんな活動を始めている。
　それともう一つ大きいのが、周りの雑木林が全くなくなっていることである。多摩動物公園のほとんど境界線ぎりぎりまで、住宅地になっている。そういった意味では、多摩動物公園は唯一残された里山の原風景をもっている（図2参照）。
　そこで、いろいろな里山再生の取り組みが始まった。1997 年、「のろしをあげる多摩動物公園」ということで、まず炭焼き窯を設置した。なかなかいいネーミングだと思っているが、これを考えたのは現在アクアマリンふくしまの安部義孝館長で、多摩動物公園の飼育課長（当時）のときのことである。まず、シンボル的に何かやろうということで、炭焼き窯を設置するにあたって、炭焼き窯から出る煙をのろしに見立てて、シンボリックに名付けた。実際に炭焼きも実施しており、焼き上がった炭は「ほどくぼ炭」として園内でゴリラ基金に募金をしてくれた人に配布している。副産物である木酢液も同様に寄付してくれた人に配布している。
　2000 年と 2001 年の 6 月に七生公園・程久保地区、七生公園・南平地区を開園している。これは有料区域ではなくて、有料区域に隣接する無料開放公園である。程久保地区は約 4.2ha、南平地区は約 3.4ha ある。これを併せると多摩動物公園、都市計画公園としては約 60ha となる。南平地区には水辺の広場、山野草の林などが整備しているが急斜面も多い。程久保地区の方は約 4.2ha の中にトンボ池、昆虫の森などを整備している。2011 年 10 月の台風により木が相当倒れていて、被害が出ている（図6）。
　2002 年の 11 月に NPO 法人の「樹木・環境ネットワーク協会」が、多摩動物公園の里山再生の検討会を開始し、1 年半以上をかけて、里山再生の方針をまとめ、2004 年 6 月から活動が開始された。
　2006 年の 4 月からは、これもボランティア活動の一つだが、東京環境工科専門学校の活動が開始されている。これは学生の実習を兼ねているものである。
　そして、2008 年 5 月には多摩動物公園の開園 50 周年。同年 12 月には、再生された里山に身近な生き物をということで、身近な生き物の復興計画を作成し

第7章 身近ないのちを科学する

ている。それから3年近く経つが、現在、これに沿って多摩動物公園は里山の再生と、里山に棲む身近な生き物の導入に向けて着々と進んでいる。

　図7が炭焼き窯だ。中に窯があって、一応、屋根立てをしている。それで、周りで萌芽更新のために伐採した樹木をここで炭にしている。この炭焼き窯、残念だが、「アジアの平原」の工事で取り壊される。ただ、こうゆうシンボル的なものは絶対残しておくということで、場所を移動して再整備するつもりである。3年ほど前には、もう少し宣伝しようということで、看板も掲げている。また、炭にする前の雑木が積み上げられているのがわかる。

図6　多摩動物公園全体図

図7　炭焼き窯

　図8は樹木・環境ネットワーク協会の人たちが作業しているところだ。雪が降った後であるが、枝折れしたものを順次整理している。

　図9は先ほど紹介した東京環境工科専門学校の生徒たちが、ビオトープを作っているところである。オランウータンのスカイウォークの下で、ビオトープを作っている。この写真は何をしているところかというと、外来植物を駆除しているところである。なるべく自然のこの辺の野山にある植物で再生しようと

111

図8 樹木・環境ネットワーク協会の作業風景

図9 東京環境工科専門学校の活動風景

図10 朽ち木の中の昆虫を探す

いうことで、がんばっていただいている。

また、多摩動物公園の中、いろいろな場所を整備して、きれいにしている。そういったところには、いろんな生き物が戻ってくる。それを実際に体験学習してもらおうということで、いろんな活動をしている。

図10は先ほどお話しした程久保地区の雑木林である。これは萌芽更新のために、伐採して積み上げたものだ。そうすると当然腐ってきて、いろんな生き物が棲みだす。ここにはカブトムシの幼虫もいる。写真は、子どもたちがいろんなものを探しているところである。これは冬だろう。天気が良いとぽかぽか陽気で非常に暖かい感じがする。

図11は、初夏か夏だと思われる。先ほど申し上げたように、雑木林が暗くなってくるとこういったササが繁茂して、下にほかの植物が入れなくなってしまう。この人たちがササを刈って、地面を出しているところである。ササは広がる力が非常に強いので、何回も何回も手を入れて、明るくして、その地域の里山に再

生していくことが必要になってくる。

図12は子どもたちが土の中にどんな生き物がいるか、探しているところである。ゴミムシの仲間、ミミズの仲間、カエルの仲間など、昆虫だけではなく、いろんな動物が見つかる。非常に貴重な体験になってくるだろうと思う。

ある一角をいろいろ整備すると、いろんな生き物が戻ってくる。ここにはいろんな生き物がいるようになった。

3.2 昆虫を使った活動

小学校理科指導要領には、三年生の理科の目標として「身近に見られる動物や植物を比較しながら調べ、見出した問題を興味・関心をもって追究する活動

図11　笹刈りをするイベント参加者

図12　土壌の生物を探す子どもたち

を通して、生物を愛護する態度を育てるとともに、生物の成長のきまりや体のつくり、生物同士の関わりについて見方や考え方を養う」とされている。

そして、学ぶべき具体的な内容として、身近な昆虫や植物を探したり育てたりして、成長のきまり、体のつくり、昆虫と植物の関わりについて勉強することになっている。具体的には「昆虫を飼ってみよう」という単元や「昆虫を調べてみよう」という単元、それから「植物を育ててみよう」という単元が用意されている。この三つで、計4単元あり、それぞれ7時間ずつあるので、30時間近くを小学校三年生で昆虫あるいは植物と過ごさなくてならないことになっている。

今の学校の先生のなかには、虫を触れない人が、圧倒的に多くいる。子ども

たちは当然のごとく、触ったことも見たこともない人が非常に多い。

多摩動物公園では昆虫展示飼育係と動物解説員が協力して「触り方の指導と実践、昆虫となかよし」という体験型プログラムを開発した。このプログラムは「比較しながら調べる」「昆虫とそうでないものを分ける」「生物を愛護する態度を育てる」の達成を目標としている。隠れた人気プログラムになっている。そんなに宣伝していないが、先生や生徒の現状を考えると、需要に見合ったといえる。

図13はカブトムシの3齢幼虫である。これがサナギになって成虫になる。こういうふうに幼虫を手の上に乗せて、腹はツルツルしている、背中はザラザラしているとか、口はどうなっているかとか、足はどうなっているかとか、そういったことを観察してもらうのが趣旨である。

図14はカマキリを触っているところである。目の前で手を振るとカマを上げてこのようなポーズをとる。子どもたちはこれがうれしくて、面白くて、盛んにやるようになる。そういう面白い、楽しいということで、怖さをなくすことができるわけである。そういったことを少し教えるだけで、「あっ、虫って面白いんだ、楽しいんだ」ということに気付くことができる。

また、今では大変珍しくなったゲンゴロウでは、水の中を泳がせたり、水から出して休ませることをさせることで触れさせる。そのことによって大丈夫だと安心し、熱心に観察できるよ

図13 カブトムシの幼虫を触る

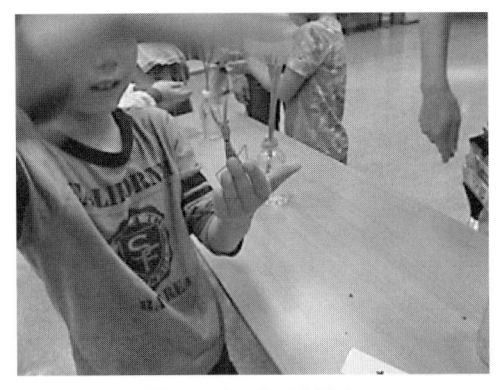

図14 カマキリを触る

うになる。最後は静かに水に戻してやる。

4. 多摩動物公園のこれから
　多摩動物公園は多摩丘陵の端に位置している。園内は50年の歴史の中で里山としての機能が失われようとしたが、現在、再生計画が着々と進んでいる。また、里山に生息している身近な生物、特に昆虫についてその導入を図るべく準備を進めているところである。

4.1　身近な動物の復活
　身近な動物を復活させるためには、身近な自然－雑木林－を回復させる必要がある。多摩動物公園で言うならば里山の回復である。今まで述べてきたように回復への活動はすでに始まっているが、息の長い仕事になりそうである。その後、そこに棲む生き物の観察をできるようにする。昆虫はもちろんのこと、哺乳類、鳥類もできれば観察できるようにする。それから、先ほど紹介したように、どうしたら、うまく観察できるか、うまく触れ合えるかという指導もしていく。今後は身近な自然をもっと豊かにしていこうという取り組みをしていきたい。先ほど紹介したが、ビオトープの再生の中でいろんな生き物が棲み付いてくれることを期待している。

　私が今後力を入れていきたいのは、ホタルの復活である。ホタルを復活するにはどうしたらいいか。当然カワニナ（ホタルの幼虫のエサになる巻貝）が必要だし、カワニナが育つ環境整備も必要となる。身近な自然が豊かになればという思いを込めて、ホタルをフラッグシップ種として取り組んでいきたいと考えている。

4.2　当たり前の種を当たり前に見せる
　当たり前の種類が、当たり前に見られる多摩動物公園、これが私の想いである。当たり前の種とは、かつて生息していたであろうあらゆる動物群ということになる。それではかつてどういう生物が生息していたのか？

　多摩動物公園が開園してから15年後の1973年、野鳥のカウントが始められている。この野鳥の観察会は現在も続けられている。こうした過去の記録を見ることで、かつてどんな鳥が生息していたかがわかる。呼び戻すにはどうすればいいかもわかるのではないだろうか。

昆虫についても園内で採集した記録が残されている。哺乳類については正式な記録こそないが、多摩丘陵の里山に生息する種類はある程度推測することが可能である。同じようなことが爬虫類、両生類、魚類にも言える。

4.3　感性をみがこう

　この本の大きなテーマとして「野生との共存」が掲げられている。自然のことを知り、自然の中に生きる生き物を知ることが非常に重要となる。身近な生き物を観察することにより、多様な生物を進化させた「自然環境」への「畏敬」や「讃嘆」へとつなげること、そうしたことを感じ取る「感性をみがく」こと、人間が本来持っている五感を鍛えることが必要である。

　多摩動物公園は「アリからゾウまで出会えるところ」をテーマとして、多様な動物の世界を伝える。多様な生息環境を伝える。生物と人と自然とのつながりを伝えることを目指している。自然と人の橋渡し役として最適の場所であろうと思っている。

第8章

イモリを調べる　イモリを守る

———————————— 都立動物園・水族園イモリ調査チーム

　動物園、水族館は、生きた生き物を展示し、生物が持つ様々な魅力を引き出して伝える施設である。しかし、展示のために野生生物を消耗的に利用し続けることが安易に許される時代ではなくなってきている。これは、哺乳類や鳥類にとどまらず、両生類や魚類などにおいても、特に希少な生物については、同様の姿勢が求められている。

　かつて身近だった生き物でも、その生息環境が変化し、急速に減少しつつあるものが多くいる。これからお話しするアカハライモリ（以下イモリ）も、そんな生き物の一つだ。井の頭自然文化園と葛西臨海水族園、多摩動物公園野生生物保全センターが中心となって、イモリの保全を目的とした調査活動を行ってきた。その取り組みについて紹介する。

1. イモリとヤモリ

　イモリの話をすると「家で見たよ」という声を聞くことがある。実際にはヤモリを見たものと思うが、姿や名前がよく似ていることから、イモリとヤモリを混同してしまう人もいるようだ。では、イモリとはどのような生き物だろうか。

　イモリは、カエルやサンショウウオと同じ両生類の仲間で、水辺で暮らす。一方のヤモリは、ヘビやトカゲと同じは虫類の仲間で、陸で暮らす。家の壁などで見られるのはこちらのヤモリの方だ。イモリ、ヤモリを漢字で書くと、井守、家守となり、それぞれが暮らす場所を表していると言える。それぞれの卵を見ると、イモリは寒天質におおわれた卵を水中に産み、ヤモリは殻につつまれた

図1 イモリの幼生

卵を産む。

イモリの生活史をもう少し詳しく見てみよう。繁殖期は4月から7月で、寒天質におおわれた卵は、水中の水草などに一粒ずつバラバラに産みつけられる。卵は4週間ほどでふ化するが、ふ化するときの発生段階にはある程度幅があり、前脚は出ているものの後脚についてははっきりしない。また、頭の後ろからは外鰓と呼ばれるエラが出ていて、水中で呼吸をする（図1）。夏から秋にかけて変態し、外に出ていたエラがなくなり、イモリらしい形になって陸に上がる。若いイモリは、3年ほど陸上で生活するが、この時期、どのような暮らしをしているのかは、よくわかっていない。3年ほどで成熟すると、再び水辺に戻り、4～7月には繁殖行動を行う。この後も水中にとどまるわけではなく、水中と陸上の両方で活動しているようだが、詳しく調べられた報告はない。寿命は10年以上といわれているがよくわかっていない。

2. 減っているイモリ

イモリは、平野から山地にかけて、田んぼや水路、池などの様々な水辺にすんでいる。かつてはごく普通に見られた身近な生き物だった。しかし、イモリの主な生息場所となる田んぼや池などの水辺は、都市化に伴い開発され、どんどんなくなってしまった。イモリやカエルなど両生類は、水辺だけではなく、草地や雑木林など陸の環境も良好でなくては生きていけない。さらに川の護岸改修、田んぼの整備工事、農薬などもイモリを追いつめている。

2000年に環境庁（当時）がまとめた絶滅のおそれのある野生生物のリスト「レッドリスト」ではイモリの記載はなかったが、2006年に環境省がまとめたものでは準絶滅危惧に指定された。また、近年発行の関東地域のレッドデータブックを見ると、ほとんどの都県で絶滅の危険が高い状態であることがわかる（表1）。

表1　環境省および関東地域都県のイモリのレッドデータ

環境庁	2000	掲載なし
環境省	2006	準絶滅危惧
神奈川	1995	絶滅危惧種
	2006	絶滅危惧Ⅰ類
東京	1998	危急種（B）
	2010	絶滅危惧ⅠA（区部）
		絶滅危惧ⅠB（北、南、西多摩）
千葉	2000、2006	A：最重要保護生物
茨城	2000	掲載なし
埼玉	2002	絶滅危惧ⅠA類
群馬	2002	絶滅危惧Ⅱ類
栃木	2005	絶滅危惧Ⅱ類（B）

　イモリは、本州、四国、九州と周辺の島々に広く分布しているが、形態や求愛行動に地域変異があることが知られている。また、現在は１種とされているが、外部形態や遺伝的な研究（酵素タンパク）によれば、大きく４つの地方集団に分けられる。このようなイモリを保全していくには、種ではなく、各地域における地方集団を混ぜずに、地域ごとに保全していくことが重要となる。

3. 保全の取り組み

　都立動物園・水族園のイモリ保全の取り組みは、1999年に、葛西臨海水族園でイモリの展示を計画したことから始まった。葛西臨海水族園でイモリを展示する「水辺の自然」エリアは、東京の水辺景観や生物を展示するところで、飼育繁殖を進めていく上では、系統保存機能も必然的な課題だと考えた。そこで、都内にすむイモリを探したが、なかなか見つけることができず、当時はまだ環境省のレッドリストには載っていなかったが、東京のイモリがとても少なくなっていることがわかった。

　イモリを探して３年目の2002年に、研究者に紹介されて行った場所で、ようやくイモリを見つけることができた。その場所は、都会に近い東京都の多摩丘陵の一角で、周囲は開発されて住宅が立ち並び、生息地が孤立した状態だった。

そのときすでに、イモリの生息数はわずかで、イモリが産卵に利用できそうな池はほとんどなく、若いイモリが見つからないことから、繁殖が途絶えているものと考えられた。まさに絶滅寸

図2　調査している様子

前、すぐにも保全への取り組みを始めなくてはいけない状況であった。

　しかし、イモリの保全に関する取り組みはほとんど知られていない。また、保全に必要な生物学的、生態学的な情報も少なく、保全活動を進めるためには、基礎的な生態調査も同時に進める必要があった。

　2002年から、年に3～5回、1回あたり3～8名が参加して、イモリの繁殖場をつくる活動を始め、産卵数や幼生数の確認、成体の個体識別調査などを行ってきた（図2）。また、生息地での生態調査と並行して、飼育下での実験も行った。

4. イモリを増やす

　イモリが産卵し、幼生が育つような繁殖場がなかったので、素掘りの池から始まり、プラスチックコンテナを地面に埋めたものや、防水シートを使って作った池まで、改良を重ねながらいろいろな場所に水場をつくった。これらの水場で、産卵や幼生が見られるようになってからは、卵や幼生の数を確認した。

　活動を始めた翌年の2003年から、造成した産卵場での産卵が確認された。2004年には産卵確認数が増えたものの、幼生は見られなかった。産卵条件も

徐々に明らかになり、産卵場・幼生成育場環境の改良を重ね、ようやく 2005 年に幼生を見つけることができた。2006 年には変態後、上陸して間もない幼体を初めて発見した。2007 年の 3 〜 4 月に繁殖池を造成し、7 月にはそれらの池で、およそ 300 個体の幼生の成育が確認された。2008 年からは造成した池で、成体となって池に戻ってきたと思われる小型の個体が新たに多数見つかり、若いイモリが増えてきたことがわかった。

5. イモリを調べる

イモリの生息数や行動範囲を調べるため、個体識別による調査を行った。一般に両生類の個体識別には、刺青、指切り法、マイクロチップの挿入、色彩斑紋の特徴による識別などの方法がある。イモリの場合、腹部の斑紋が個体ごとに異なり、その斑紋はほとんど変化しないことから個体識別に有効で、性や体長を加えるとかなり正確に個体識別が可能になる（図 3）。

調査のため捕まえたイモリは、性を確認し、サイズを測り、腹部の模様を写真に収めてもとの場所に戻した。腹部の模様、サイズなどから、過去にも捕まえたことがある個体かどうかを判

図 3 イモリの個体識別
イモリの腹部には赤い部分があるが、その形状はさまざまで、上の写真の個体ほど赤い部分が多くなっている。

断する。同じ個体が何度も捕まれば、移動の頻度や距離などがわかってくる。

　最近は登録個体数が増え、照合作業が大変になってきたので、マイクロチップも使い始めた。マイクロチップは、米粒大の大きさで、イモリの腹腔内に挿入する。マイクロチップを挿入したイモリを次に捕まえたときに、専用の読み取り機を近づけると、マイクロチップに記録されている固有の番号が読み取れ、どの個体であるかがすぐにわかる。

6.　わかってきたこと

　イモリは水草などに卵を産みつけることが知られているが、生きた植物を選択的に選び、枯葉などにはほとんど産卵しないことが確認できた。そのため、産卵池には、水辺の植物が育つことができるような日当りが必要なことがわかった。また、卵や幼生が生育する間は、水位があまり変わらず、干上がらないことも大切である。

　ホトケドジョウがいる場所では、イモリの産卵数が少ないように思えたことから、ホトケドジョウとイモリの卵や幼生との同居飼育試験を行ったところ、卵は補食されないが幼生は補食されることがわかった。したがって、イモリの産卵、育成場として、ホトケドジョウが少ないか、いない方がよいのではないかと考えられた。

　個体識別調査により、いろいろなことがわかってきた。まず、活動を行っている場所でのイモリの生息数は、再補記録からの推定により、現在200～300個体くらいだと考えられる。

　そして、成体となって池に戻ってきたイモリも、池を離れて陸の上を移動している。数は少ないが、これまでに最大で100m程移動したイモリも見つかっている。また、1回の調査において水場で見つかるイモリは20～80個体程度であることから、多くの個体が陸上で生活していることがうかがわれる。

　活動を始めて6年目に、造成した池で、成体となって池に戻ってきたと思われる小型の個体が新たに見つかり、若いイモリが増えてきたことがわかった。これは、産卵できる池を作った効果ではないかと考えられる（図4）。

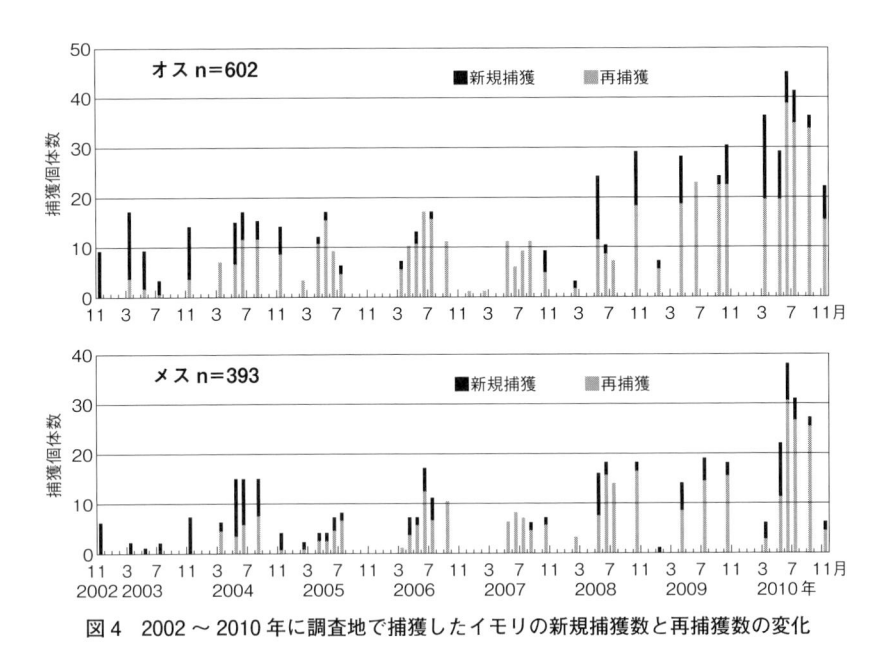

図4 2002〜2010年に調査地で捕獲したイモリの新規捕獲数と再捕獲数の変化

7. わからないこと

　一方、陸上で暮らす様子は今でもよくわからない。池の中にいるイモリを捕まえるのとは違い、池から離れて暮らしているイモリは、どこにいるのかわからないので探すのも大変だ。これまでに陸上で見つかったイモリは、上陸直後の個体を除くと数個体しかなく、その暮らしぶりはほとんどわかっていない。

8. 域外保全

　活動を行っている場所のイモリは、当初は絶滅の危険さえ感じられたので、生息地での保全活動と平行して生息域外での保全にも取り組み、飼育下に十分な数のイモリを確保することにした。少ない成体を捕まえることは控え、毎年少しずつ卵を集めて幼生を育てることにした。現在では井の頭自然文化園と葛西臨海水族園の両園で、それぞれ100個体ほどの飼育下個体群を維持している。井の頭自然文化園では、2009年から飼育下個体群から受精卵が得られ、飼育下繁殖を始めた。繁殖体制を整えるとともに、カエルツボカビ病のような伝染病に

備えた体制の整備も進めていて、野外個体に依存しない飼育展示体制を目指している。

9. 地域の小学校との連携

2008年から、イモリの保全活動を活用した環境教育を始めた。独立行政法人森林総合研究所多摩森林科学園と共同で、保全活動を行っている地域の小学校5年生の総合的な学習の時間に、身近な雑木林の生き物調査を中心にした活動を行っている。この授業では、イモリの暮らしを知ることを通して、水辺だけでなく雑木林などの陸上の環境も必要であることを知ってもらうとともに、生き物や自然とふれあう機会をつくることを目的に活動した。

実際に子どもたちとやってきたことは、イモリやオタマジャクシ、カエル、ヤゴなどを捕まえてもらい、いろいろな生き物とふれあうことから始め、捕まえたイモリの雌雄を見分け、お腹の模様やサイズを記録して、実際に同じイモリが捕まることを確認した。また、イモリの卵や幼生を探したり、陸上で暮らすイモリを探したりした。こうして、イモリ調査を体験させて、イモリの暮らしを知るとともに、イモリの暮らしに何が必要か考えてもらった。

子どもたちの受け止め方はさまざまだと思うが、イモリという生き物を身近に感じ、水辺と陸の両方が必要なイモリの暮らしに興味をもつことで、身近な生態系と自分の暮らしにまで考えが及び、人の暮らしと環境問題を考えるきっかけになった子どもまでいる。このことは、授業後に書かれた作文からもうかがえた。また何よりも、イモリをはじめ、さまざまな生き物や自然とふれあったことが心に残る体験となったものと期待している。

10. 保全の意義

生息地を離れた飼育下での保全の取り組みでは、繁殖技術の確立は様々な分野に貢献でき、特定の地域個体群を扱うことで、系統保存の意義を見出すこともできる。2006年のカエルツボカビ病、2008年のラナウイルス症といった伝染病の侵入例があり、飼育下個体群を最悪の事態に備えた保険として捉えることができる。

展示を通しての普及活動では、生物が持つ様々な魅力を引き出し、伝えると

ともに、野生生物が置かれている厳しい状況を伝えることができる。

　生息地域内保全活動では、イモリのような身近にいた生き物を、環境や生物多様性の保全を考える普及活動のシンボルとして捉えることが可能だ。また、身近にいた生き物を保全するためには、それらが暮らせる環境を整えていかなくてはならない。シンボルとなるわかりやすい種を守ることで、副次的に様々な動植物がよみがえることが期待できる。

　自然環境や生き物と関わる機会が少なくなった人たちに対して、フィールドへ誘い、生き物や自然とふれあう経験のかけ橋となることは、動物園水族館の役割の一つと考えるべきだろう。

　2011年で9年目を迎えたイモリの保全活動は、これまでに大勢の職員が関わってきた。イモリが産卵できる水場を造るための土木作業に始まり、イモリを捕まえて個体識別のための記録をとることはとても手間がかかる。特に最近では捕まる個体数が増え、その作業だけでも大変な労力となっている。たかがイモリと言えども、それなりのマンパワーと時間が必要だが、今後も活発に活動を続けていきたいと考えている。

都立動物園・水族園イモリ調査チーム
（葛西臨海水族園）　荒井寛・多田諭・中村浩司・杉野隆・橋本浩史（当時）・
　　金原功・佐藤薫（当時）・小木曽正造・小味亮介・堀田桃子・斎藤祐輔・
　　田辺信吾・櫻井博・松山俊樹（当時）
（井の頭自然文化園）　児玉雅章・中沢純一・池田正人
（多摩動物公園）　小川裕子
（上野動物園）　堀秀正
（東京動物園協会）　鈴木仁（当時）

第9章

希少動物の人工繁殖技術

———————————— 日本獣医生命科学大学　堀　達也

1. 絶滅の危機にある動物を守るために

　「地球上の数多くの野生生物は、絶滅への道を歩んでいる」。これは、国際自然保護連合（International Union for Conservation of Nature and Natural Resources: IUCN）が作成したレッドリストから考えられていることである。IUCN とは、世界的な協力関係のもとで 1948 年に設立された、国家、政府機関、非政府機関で構成された国際的な自然保護機関のことであり、主な活動として、自然保護への取り組み、生物種の保護、保護地域の管理などを行っている。この IUCN の活動の一つとして、世界における絶滅のおそれのある生物種の中から、自然保護の優先順位を決定する手助けとなるように作成し公表されているのが「レッドリスト」である。このレッドリストによると、2002 年における絶滅の危機に瀕する生物種数は、動物種が 5,453 種、植物種が 5,714 種であったのに対し、2010 年では動物種が 6,618 種、植物種が 8,724 種と、ともに増加しており、地球上に存在する多くの野生生物が絶滅の危機にさらされているとの警告をしている。もちろん、それぞれの動植物種によってその進行具合は異なるが、もしかしたら私たちの身近にいる野生の動物や植物でも、このままの状況では、将来、絶滅してしまうかもしれないおそれを持っているのである。

　このように個体数が減少し絶滅の危機にさらされている動物を守るために、我々はどうしたらいいのだろうか？　個体数減少の原因として考えられているのは、人間による乱獲、外来生物による生態系の破壊および動物たちが生息している環境の破壊などである。したがって、絶滅の危機にさらされている動物を守るためには、動物たちが暮らしている環境を守ること、いわゆる生息域内

保全を行うことが第一であると考えられており、多くの取り組みが行われている。しかし、その活動と同時に、絶滅の危険性が高い動物だけでなく、危険性が低い動物においても動物たちの生息している環境以外での保全（生息域外保全）を早い段階から開始しておかなければ手遅れになってしまうことが、これまでの経験からも明らかである。生息域外保全とは、動物園・野外繁殖施設などをはじめとする飼育下繁殖施設における種の保存のことである。生息域外保全において繁殖が成功した場合、生まれた個体を野生に復帰させること（これを再導入という）が可能となれば、野生における個体数の維持もしくは増加が可能となるのである。ただし、再導入は非常に困難であり、また個体数が少なくなってしまうと遺伝的多様性を元に戻すことは難しいことが知られている。現在まで、絶滅の危機にさらされた動物の中には、既に野生では絶滅してしまった種も存在する。このような状況に陥らないようするためにも、早い段階での取り組みが必要なのである。

2. ツシマヤマネコにおける生息域外保全

　日本において絶滅が危惧されている野生動物の一つに、ツシマヤマネコがいる。ツシマヤマネコは長崎県の対馬にだけ生息する小型ネコ科動物で、国の天然記念物および国内希少野生動植物種としても登録されている。ツシマヤマネコの生息数は1960年代では250〜300頭であったものが、1990年代の調査ではわずか70〜90頭に減少してしまったが、現在では、やや個体数が増え80〜110頭が生息していると言われている。この個体数が増えた理由の1つは、絶滅するという危機の認識とともに、環境省によって設立された対馬野生生物保護センターの存在、およびツシマヤマネコの保護増殖の一環として環境省が行っている福岡市動物園でのツシマヤマネコの繁殖の成功が大きいと考えられる。この後者における取り組みは、生息域外保全の一つの成功例であると考えられる。

　対馬野生生物保護センターの活動としては、ツシマヤマネコの生息環境の保全、保護個体の維持、負傷したヤマネコの治療および野生への復帰、野生個体の調査など多岐にわたっているが、中でも地域住民への理解とこれら動物との共存ができるような働きかけを行っていることは重要であるといえよう。

福岡市動物園では今までに 25 頭のツシマヤマネコが成育しており、現在ではこれら繁殖に成功した個体の分散飼育を始めている。分散飼育とは、感染症の発生や災害などにより多くの飼育下の個体が失われるとともに、遺伝的多様性が失われてしまうおそれを回避するため、飼育個体を分散させ、危険の分散を図り、非常事態に備えることを目的としている取り組みである。これら分散飼育は、井の頭自然文化園やよこはま動物園ズーラシアをはじめとする全国の多くの動物園で開始されており、それぞれの動物園において繁殖への取り組みが行われている。それぞれの動物園で繁殖が成功すれば、ツシマヤマネコの個体数がさらに増加することが期待される。

3. 野生動物の繁殖成功には人工繁殖技術が必要

　福岡市動物園におけるツシマヤマネコの繁殖の成功例を聞くと簡単に思えるかもしれないが、動物園や野外繁殖施設のような飼育下の状況では、ツシマヤマネコに限らず、野生動物の繁殖を自然に行うことは簡単ではない。その理由として考えられているのが、ペアリングの難しさと飼育環境における問題である。限られた個体だけでは、オスとメスのペアリングが難しいのは当然であろう。また、野生で暮らしている動物が、動物園のような人間に見られる環境、人工的であり広さなどが野生とは異なる環境で、繁殖を自然に行うことは難しいのである。ただし、最近では動物園も展示方法をいろいろ工夫しており、動物たちにストレスがかからない野生に近い自然な環境を作り出し、繁殖がうまくいくような取り組みが行われている。この試みにより繁殖が成功した例もあるが、それでもうまくいかない例において繁殖を成功させるためには、人工繁殖（補助）技術（Assisted Reproductive Technology）が必要になるのである。また、オスもメスも複数飼育されている中で、ある 1 頭のオスだけが繁殖を行うことができる場合、生まれた子どもは同じ血統のものだけになってしまい、遺伝的多様性が失われていく。すなわち、遺伝的多様性が失われないようにオスとメスの組み合わせを考え繁殖を行っていくためにも、人工繁殖技術は不可欠な技術であると考えられている。

4. 人工繁殖技術とはどういうものか？

　さて、人工繁殖技術（生殖工学とも呼ばれている）とはどういうもので、どのような技術なのであろうか？　人工繁殖技術には、例えば、生殖子の回収および保存、人工授精、胚移植、体外受精、顕微授精、クローン技術などが挙げられる。名前を聞いただけでは少し難しいかもしれないが、簡単に言うと自然ではなく人為的に繁殖（受精）を行うための技術である。これら人工繁殖技術は、人間の医療では一般的に行われており、主に子どもができない夫婦への処置、いわゆる不妊治療として用いられている。しかし、これら野生動物においては、前述したように、自然交配ができない場合、また遺伝的多様性を維持するために用いられる技術として認識されている。

　野生動物における人工繁殖技術の研究は、人で行われているものに比較して非常に遅れている。その理由としては、卵巣・子宮・腟などの生殖器の解剖学的構造が動物によって異なっており、また発情徴候、発情周期および排卵の形態などの繁殖生理学的な特徴が動物によって異なるため、人で一般に行われている技術をそのまま野生動物に応用することはできないこと、そのため野生動物における人工繁殖技術は、それぞれの動物において研究しなければならないが、野生動物における解剖学的特徴や繁殖生理学的な特徴は、私たちの身近にいるイヌ・ネコやウシやウマなどの家畜のように多くのことが明らかにされておらず、また希少野生動物は人工繁殖技術に関する実験・研究に積極的に用いることはできないことが挙げられる。

　そのため、希少動物における人工繁殖技術の研究は、その動物に近縁な種を用いて行われた研究を参考に行われている。例えば、ネコ科動物の絶滅の危機に瀕している種にはイエネコを、イヌ科動物にはイヌを、ウシやウマに近縁な動物はそれぞれウシやウマをモデル動物として人工繁殖技術に関する研究を行っているのである。

　私が普段、仕事をしている大学は武蔵境（東京都武蔵野市）という比較的都心に近いところにあるので、野生動物や大型の家畜を飼育することはできない。そのため、私はイヌとネコを中心とした繁殖学に関する研究を行っている。そして、これらの動物で得られた繁殖生理学的な情報や人工繁殖技術に関するデータを、様々なイヌ科動物、ネコ科動物に応用しながら、動物園と共同して人

工繁殖技術に関する研究を行っている。このように、大学と動物園とで研究協力体制を取り研究を進めていくことは、希少野生動物の個体数を増加させるための取り組みにおいて、大切なことであると考えている。また、動物園のように野生動物を飼育している施設では、飼育をしながら発情徴候や交尾活動を観察して多くの繁殖に関する情報を得るため努力をしているが、まだまだ明らかにされていないことは多いのである。しかし、これらの知識は人工繁殖技術を行うためには非常に重要であるため、各種野生動物の知識を蓄積していくことが必要であると考えられる。

5. 精液の採取方法

人工繁殖技術の中でも、生殖子の凍結保存が一番大切な技術である。生殖子とは精子と卵子のことで、これらを生体もしくは死体から回収し、受精能力を保ちながら保存するための様々な技術の検討が行われている。

オス動物の生殖子である精子は、射精された精液の中に含まれている。精液の採取方法は様々であり、動物によって採取の方法が異なっている。ウシやブタなどの家畜では、人間が近付いて処置が行えるため、人工腟法または陰茎マッサージ法（用手法）が用いられており、比較的容易に精液を採取することが可能である。図1はブタの精液採取風景である。メスのにおいをつけた擬牝台という台にオスブタがのっかったところで、横から陰茎を刺激して精液を採取する方法である。また、イヌも同様の方法で容易に採取することができる。しかし、ネコは小さい頃から人工腟を使って精液を採取する訓練を受けると容易に採取することができるようになるが、一般に精液を採取するためには、全身麻酔下による電気刺激装置（図2）を用いた電気刺激法が必要となる。

これと同様に、多くの野生動物においても家畜で用いられて

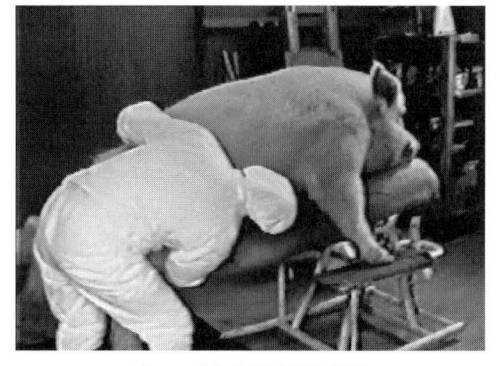

図1　ブタの精液採取風景

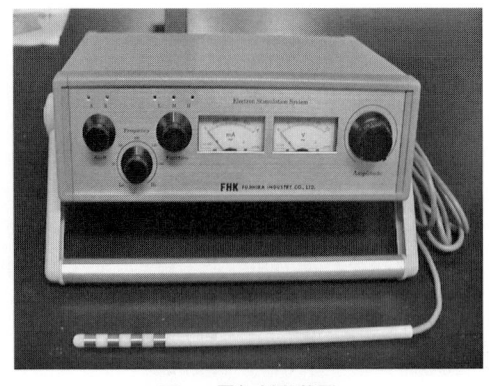

図2　電気刺激装置

いる方法と同様に採取できるものは少なく、電気刺激法が必要となる。この方法は、電極のついたプローブを肛門から直腸に入れ、電気を流すことによって勃起させ、射精に至らせ、精液を回収するという方法であり、麻酔による影響があるため頻繁に行うことはできない。また、電気刺激における直腸プローブの形状および位置、電気刺激の電圧および回数などは動物種によって条件が異なることが考えられるため、この技術を確立するためには様々な検討が必要となるのである。

6. 精子の保存方法：凍結精液

　精子を保存するための技術として一般的であるのは、凍結精液である。凍結精液は、卵黄または牛乳をベースとした精液希釈液に精液を入れ、グリセリンなどの凍結保護物質といっしょに－196℃の液体窒素中に保存する技術である。
　精子は本来運動性を持っており、自分の持つ栄養をすべて使ってしまうと、動かなくなり死んでしまうのである。しかし、精子は精液希釈液で希釈した後に低温下におかれることで、運動性および代謝機能を抑制することができる。すなわち、精子は仮死状態になる。そして、再び暖めるとその機能を取り戻すことができるという、可逆的な機能を持っている。液体窒素で保存されている間は、仮死状態のまま半永久的に保存が可能になるため、例えば、ある優秀な血統を持つ個体の凍結精液を作成し保存することができれば、その個体が亡くなった何十年後、何百年後でもその血統の子どもを生ませることができるのである。
　普段、私はイヌの凍結精液の研究をしているので、私の研究室にはイヌの凍結精液のストローがたくさん保管されており、いつでもそれらの子どもを作るため利用できる状態が保たれている（図3）。また、米国では優秀な系統の精液

第9章　希少動物の人工繁殖技術

を保管するイヌの凍結精液銀行が存在しており、イヌの凍結精液は、比較的、一般的な技術として知られている。

7. 精液性状は動物種などにより異なる

　精液性状は、動物種により異なることが知られている。射精されるすべての精子の数（総精子数）は、例えばビーグルでは

図3　凍結精液のストローが保管されている保管用タンク

約3〜4億であるが、ラブラドール・リトリーバーでは約15億と、体が大きなイヌでは多くの精子が射精されることが明らかである。しかし、イヌよりも体格の大きなローランドゴリラでは正常なオスでも数千万しか射精されないのである。しかも、精子活力（精子の動き）はローランドゴリラでは非常に悪いことが知られている。また、チーターやトラのような野生ネコ科動物では、異常な形態の精子の割合が高いことが知られている。おそらくこのような精液性状の悪さが、その動物の繁殖の能力に影響を与えているのではないかと考えられる。

　また、精液性状は、精液採取の方法、メス動物の繁殖季節および飼育環境によっても影響を受けることが知られているが、希少野生動物の精液性状に関する研究はまだ十分には検討されていないため、不明な点が多い。

　私の所属している研究室と動物園との共同研究として、以前、上野動物園で飼育されているジャイアントパンダ（リンリン）について、人工授精を目的に電気刺激法によって精液採取を行ったことがある。そして、その精液性状を、メス（トントン）の発情前、発情中、発情後の3期に分けて比較検討した。その結果、ジャイアントパンダの精液性状、精巣の大きさおよび血中テストステロン値は、メスの発情時期（年によって異なるが、大体、2〜4月頃である）に伴って変化することが明らかとなった。また、精子活力、精子生存率および精子奇形率にはメスの発情時期による差は認められなかったが、総精子数は、メ

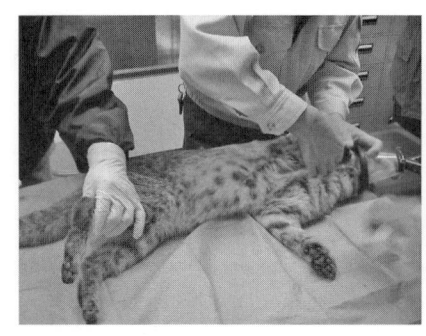

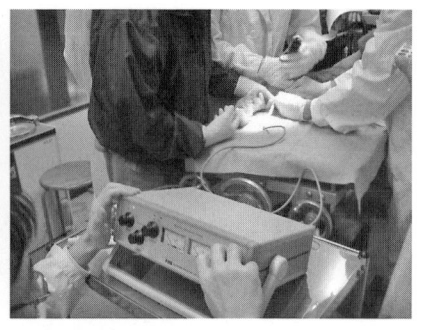

図4　アムールヤマネコの精液採取風景

スの発情期では減少がみられた。また、発情後2.5カ月の精液採取の試みでは射精がみられなかったこと、精巣容積が小さいこと、また血中テストステロン値が低値であることから、この時期以降に明らかに精子を作る能力に季節的な影響が現れる可能性が大きいと考えられた。すなわち、夏季に向かって精子を生産する機能（造精機能）が低下することが明らかとなった。

また、現在では、本学の近隣に位置する井の頭自然文化園で飼育されているアムールヤマネコを用いて電気刺激法によって精液採取を行い、精液性状を観察し、同時に精巣容積および血中テストステロン値を測定し、アムールヤマネコにおける季節的な造精機能の検討、効率のよい精液採取法の確立および凍結精液作成法の検討を行っている（図4）。

アムールヤマネコは、日本で絶滅が危惧されている小型ネコ科動物であるツシマヤマネコおよびイリオモテヤマネコと同じベンガルヤマネコの亜種であり、遺伝的特徴、繁殖生理的特徴および個体の大きさなどの身体的特徴など、イエネコよりもこれら両種に非常に近い性質を持つと考えられている。すなわち、アムールヤマネコは、希少ネコ科動物であるツシマヤマネコを想定した研究のモデルとして最も適している動物であると考える。この研究から得られたデータは、ツシマヤマネコの人工繁殖のためのデータとして十分に利用できると考えている。

8. 人工授精とはどういうものか？

採取された精液をメスに入れ、精子と卵子を受精させるための技術が、人工

第9章 希少動物の人工繁殖技術

図5 イヌの腟内人工授精

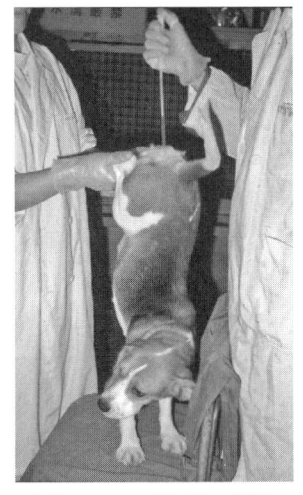

図6 チーターの腟内人工授精

授精である。すなわち、自然交配の代わりに、精液を人為的にメスの腟内または子宮内に注入する技術のことをいう。家畜であるウシにおいて、現在では妊娠させるためには自然交配でなく、ほぼ100%近く凍結精液を用いた人工授精（子宮内人工授精）が行われている。

　また、イヌでも動物病院において人工授精が行われることがある。これは、例えば、メスの気が強くオスが近づけない場合、お互いに仲良しすぎて自然交配ができない場合、オスの交配における経験が少なくてうまくできない場合などに行われている。この時行われる方法は、腟内人工授精である。これは、メスイヌを逆立ちさせながら精液注入器を用いて精液を腟内に入れる方法である（図5）。逆立ちは、精液が漏れないようにするために行われる。この方法は麻酔が不要で、簡便に行うことができる。この方法を参考にして、以前に多摩動物公園でチーターの人工授精を行ったことがある。チーターは麻酔をかけ逆立ちさせ、腟内授精方法により精液を注入した（図6）。

　イヌでは、腟内人工授精法に対して、全身麻酔下で開腹手術を行い、子宮に直接精液を注入する子宮内人工授精も行われる。子宮内授精のメリットは、授精に必要な精子数が少なくても受胎が可能なことである。例えば、ビーグルの腟内授精の場合、高い受胎率を得るためには2億の精子数が必要であるが、子

宮内授精では10分の1の2千万の精子数で十分高い受胎率が得られる。すなわち、精子数が少ない場合、精液の性状が悪い場合には子宮内授精が不可欠となる。また、凍結精液では凍結処理によって精子がいくつかのダメージを受け、寿命が短くなってしまっているため、高い受胎率を得るためには子宮内授精が必要となるのである。

このように、イヌにおいては各種人工授精法の技術が確立され、それぞれ受胎に必要な精子数が明らかにされているが、希少野生動物種においては、受胎に必要な精子数は明らかになっていないため、更なる多くの研究が必要である。また、野生動物において子宮内授精を行う場合、イヌのような開腹手術による外科的な方法で行うことはできない。そのため、動物への侵襲を少なくするような非外科的な人工授精法の確立が望まれる。

以前、私の研究室と上野動物園の共同研究として、ジャイアントパンダの精液をより効率よく使用するための技術として、ファイバースコープ（内視鏡）を用いた経腟による非外科的な子宮内授精法について検討した。ファイバースコープは内視鏡とも呼ばれるが、一般に胃の中を見るために使用される胃カメラと同じものである。発情徴候および尿中ホルモン値から推定したジャイアントパンダの交配適期に全身麻酔を行い、直径6mmの小動物用内視鏡（Olympus AVS）、すなわち、カメラのついたスコープを腟内に入れ、腟内を観察しながら奥にある子宮の入り口を探し、その入り口にカテーテルを入れ、精液を注入

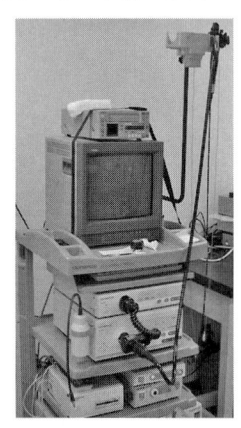

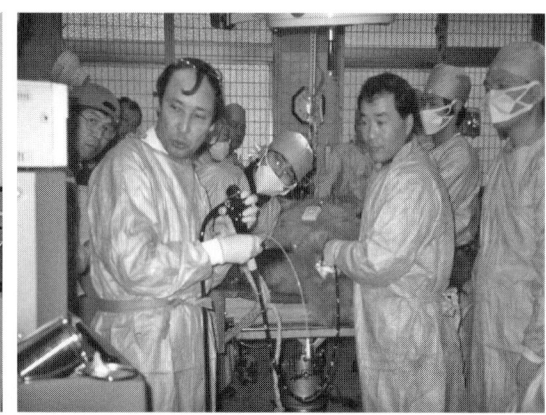

図7　ジャイアントパンダの内視鏡を用いた子宮内人工授精

する方法の検討を行った（図7）。その結果、子宮内への精液の注入は可能であったが、受胎には至らなかった。しかし、この技術の確立は、ジャイアントパンダの人工繁殖に大いに貢献できるものと考えられた。

9. 精液の輸送

　また、精液の保存および人工授精法を行うメリットとしては、精子を保存することだけでなく、精液を輸送できる点にもある。オスとメスが遠距離にいる場合、交配をするために動物を輸送することは、動物に相当な負担（ストレス）がかかるし、輸送費用もかかってしまう。それに対し、精液だけを輸送させ、人工授精を行えば、動物へのストレスも費用もかけずに受胎を得ることが可能となるのである。例えば、精液を特別な精液希釈液に入れ、発泡スチロールに保冷剤とともに入れ4℃で保存すれば48時間くらい精液性状をあまり変化させずに保存することが可能である。この方法を低温保存という。48時間という時間があれば、ほとんどの地域への輸送が可能となるため、国内だけでなく海外の遠距離にいる動物同士の受胎も可能となるのである。短時間の保存しかできない低温保存に対し、凍結精液では、液体窒素のタンクに入れ輸送すれば、どんなに遠いところにでも輸送することが可能であるため、時間の制限なく授精を行うことができ優れている。

10. 事故で亡くなった場合の精子の有効利用

　もし、オスの野生動物が不慮の事故で亡くなってしまった場合、電気刺激法によって精液を採取することはできない。しかし、精巣で作り出された精子を貯蔵している精巣上体尾部から精子を回収することができることが知られており、各種動物において研究が行われている。この精子を利用して、凍結精液を作成したり、もしくは低温保存後に人工授精を行うことが可能である。しかし、死後、できるだけ早期に精子を回収しないと精子の性状が悪くなってしまうことが知られている。

　対馬では現在でも年に数頭のツシマヤマネコが交通事故に遭遇していることが伝えられている（最近10年間の交通事故死は50頭以上といわれている）。この時、オスである場合、早期に発見し、精子を早急に回収して保存することが

できれば、生殖子を有効に利用することができるため、この技術の確立は非常に重要であると考えられる。

11. 卵子に関する人工繁殖技術

次は、メスの生殖子である卵子の話である。

卵子に関する人工繁殖技術としては、卵子を回収するための技術、卵子を受精可能とするための体外成熟培養技術、成熟した卵子を受精させる体外受精技術、体外で受精して発育した胚（受精卵）をメス動物に戻してやる胚移植技術などが行われている。

生体からの卵子および胚（受精卵）の回収は、ウシなどの家畜では卵管および子宮を灌流する方法によって容易に行うことができる。また、ウシやブタでは屠場で、イヌやネコでは不妊手術を行った動物病院から卵巣を手に入れることができ、これらの卵巣を用いた様々な研究が行われている。しかし、希少野生動物種では生体から卵子を回収することは困難であるため、卵子の回収は、不慮の事故でメスの野生動物が亡くなった場合、卵巣を早急に摘出し、その摘出された卵巣から卵子を回収する方法に限られる。

卵巣から回収された卵子は未熟である。そのため、卵子を受精可能とするための技術が必要となる。これが、体外成熟培養である。そしてその後、成熟した卵子を体外で受精させるための技術が体外受精である。この場合、精子と卵子を培地の中で、適切な条件でいっしょに培養することで受精させることができる。この時に必要とされる精子は、人工授精に必要とされる精子よりも少ない精子数（約数十万）で受精が可能である。精液は、凍結精液も十分に利用することができる。

また、その精子数よりも少ない精子しかない場合に行われる技術が顕微授精である。特に、希少野生動物は精液を採取したときから精液性状の悪いものが多いため、この精液を凍結保存するとさらに悪くなり、人工授精または体外受精にも必要な精子数を確保することができない場合が多いことが考えられる。顕微授精という技術は、マイクロマニピュレーター（図8）という装置を使用して、生存している1個の精子を卵子の中に注入して受精を行わせることが可能な技術である。すなわち、動かなくてもDNAの情報を持った生きている精

子が1個あれば、受精卵を作成することができるという優れた技術である。顕微授精は、卵細胞質内精子注入、別名 ICSI（イクシー）とも呼ばれている。

しかし、これら体外培養技術、体外受精技術などを行うための様々な適切な条件が必要である。例えば、成熟培養および体外受精のための培地の組成、培養温度を含む条件、体外受精後の胚の発育条件など、これら一連の

図8　マイクロマニピュレーター

作業を成功させるためには、様々な検討が必要となる。現在までにほとんどの家畜、ネコを含む実験動物における体外成熟および体外受精技術が確立されているが、イヌだけはこれらの成功率が著しく低いため、技術の確立には至っていない。もちろん、希少野生動物においても体外培養および体外受精における技術はまだ確立されていない。

12. 胚移植技術とはどういうものか？

受精した（胚）受精卵を培養した後、雌動物の卵管または子宮の中に戻すための技術が胚移植である。しかし、胚移植に関する技術も、他の技術と同様に希少野生動物種では十分に検討されておらず、確立されていない。人工授精の方法と同様に、ウシやブタなどの大型の家畜では、腟から子宮内に移植する非外科的な移植法が確立されているが、イヌやネコでは外科的な移植方法が必要である。また、供胚動物（ドナー）と受胚動物（レシピエント）の性周期に差がないことが、移植後の胚の受胎率に大きく左右することが知られているため、尿または糞中の性ホルモンの測定から判断された生殖周期の把握や、ホルモン投与による生殖周期の同期化などの方法の開発も必要となるなど、胚移植の技術を確立するためには問題が山積みである。

メス動物ではホルモン投与によって、過排卵処理を行うことが可能である。

過排卵処理とは、排卵数を多くするための処置である。例えば、ネコでは多くて5～6頭の子ネコが生まれるが、この場合5～6個の卵子が排卵されているのである。これをホルモン処置によって20個以上の排卵数に増やすことができる。そして、この胚を回収して、レシピエントとなる数頭のメス動物に胚移植を行うと、同じ子どもを一度にたくさん作ることができるのである。すなわち、以上のような技術を希少野生動物に応用することができれば、一度にたくさんの希少な動物の子どもを産ませることも可能なのである。

13. 卵子（胚）の凍結保存

また、凍結精液と同じように、胚の凍結保存の検討も行われている。しかし、胚の凍結方法に関しても、凍結するための培地、凍結保護物質の種類、凍結速度および融解速度など、様々な条件によって成功率が各種動物によって異なるため、それぞれの動物に応用するためには種々の検討が必要となる。家畜やほとんどの実験動物では凍結胚の胚移植後に産子の誕生が報告されているが、イヌでは凍結胚の胚移植による受胎の報告は少なく、その方法が十分に確立されていない。これに対しネコでは、その方法が確立されており、未受精卵から胚盤胞のどのステージによる凍結も可能であることが知られているため、これらの技術は野生ネコ科動物の卵子の保存に応用することも可能であると考えられる。

14. クローン技術

そして、最後に紹介するのはクローン技術である。クローン動物を作ることは倫理的な問題が絡んでおり、実際に行うことは難しいが、ここで紹介だけしておきたいと思う。クローン技術は、受精卵の分割による方法（受精卵クローン）と、体細胞クローンとに分けられる。

受精卵クローンは、例えば2細胞期胚を二つに割って、それをそのまま移植すると、同じ個体が二つ生まれたり、8細胞期胚ではその一つ一つに遺伝情報が入っているため、一つずつ異なる卵子に入れることによって8頭の同じ遺伝情報を持った個体が生まれることができる技術である。

これに対し、一般的にクローンと呼ばれているのは、後者の体細胞クローン

で、遺伝情報を体を構成している細胞からもらうものである。体のどこかの細胞を一つ採取して、その核（DNA）を卵子の中に注入する。そして、電気刺激を与え、培養した後に胚移植によって雌動物の卵管または子宮の中に戻すと、その個体の持っている遺伝情報と同じ遺伝情報を持った個体が生まれるのである。受精卵クローンは数に限界があるのに対し、体細胞クローンでは、体には無数の細胞があるため、理論的には無数のクローン動物を作成することができる。

　ドリーという名前のめん羊は知っているだろうか？　ドリーは、世界で初めて哺乳類で生まれた、乳腺の細胞の遺伝情報を用いた体細胞クローン動物である。現在では技術が進歩し、イヌとネコにおいてもクローン技術によって子どもが誕生している。このクローン技術を使った野生動物の応用例として、絶滅に瀕したハイイロオオカミから採取した細胞（耳の細胞）をイヌの卵母細胞に注入し、作成した受精卵の胚移植後にハイイロオオカミの遺伝情報を持った子どもが生まれた。

　このような技術を用いて、絶滅の危機に瀕した動物の個体数を増やすために、クローン技術を応用することもできる。しかし、クローンで生まれた子どもは同じ遺伝情報を持っているため、遺伝的多様性は保つことはできない。そのため、個体数は増加するかもしれないが、野生個体を増やすという意味ではあまり意味がないかもしれない。ただし、絶滅してしまった動物の細胞を凍結保存して取っておき、クローン技術でよみがえらせることも可能であるかもしれない。また、希少な野生動物を多く作成して研究に使用することができれば、希少動物の人工繁殖における研究がさらに進むのではないかと考える。

15.　冷凍動物園という構想

　冷凍動物園（Frozen zoo）という言葉は知っているだろうか？　これは、各動物の精子、卵子（胚）だけでなく、クローン技術に用いるための細胞（DNA）を－196℃の液体窒素で保存している施設のことをいい、アメリカのサンディエゴ動物園や多摩動物公園の野生生物保全センターで行われている。これらの遺伝材料は長期間保存され、絶滅危惧種の遺伝的多様性を守っている。特にサンディエゴ動物園では、1976年頃から保存を開始し、800以上の動植物種および亜種のサンプルが保存されていることが知られている。これらは、種の保存

のために非常な重要な取り組みであると考えられる。

　最後になるが、これら希少野生動物の自然な繁殖および人工繁殖技術を用いた繁殖を成功させるためには、これら希少野生動物の繁殖生理学的な様々な情報が必要である。今回紹介した人工繁殖技術を十分に応用できるように、様々な情報を明らかにし、希少野生動物の繁殖が成功するように更なる研究を行っていくことが必要であると考えている。

第10章

糞からわかること

～希少動物の繁殖のために

多摩動物公園　下川優紀

1. 野生生物保全センターについて

　野生動物を取り巻く自然環境の悪化が問題となっている今、動物園にも単なるレクリエーション施設としてだけではなく、環境教育や野生生物保全といった役割が強く求められるようになってきた。もちろんこれまで動物園がそうした努力をしてこなかったわけではないが、欧米を中心とした海外の動物園と比べると日本の動物園はまだまだ遅れていると言わざるを得ない状況である。そのような背景を受けて、都立動物園（恩賜上野動物園、井の頭自然文化園、葛西臨海水族園および多摩動物公園）として保全に対する独自の役割と明確なビジョンを示すために、2006年4月1日に多摩動物公園の飼育展示課に属する係の一つとして新設したのが野生生物保全センターである。

　野生生物保全センターの設置にあたり、都立動物園として重点的に保全すべき種及び動物群を「保全対象種」として選定し、各園で役割を分担して活動に取り組む体制を整備し、センターは各園相互の情報交換及び連絡調整のための事務局機能を担うとともに、「生息域内保全への貢献」、「生息域外保全の推進」、「バイオテクノロジーの応用」を三つの柱として、多彩な活動を展開している。

　「生息域内保全への貢献」については、保全対象種の生息地で行われている保全活動への財政的支援、国や自治体、野生生物保全に関わるNPO等が保全活動計画を策定する際の助言や情報の提供、生息地の現状を広く都民に周知するパネル展や講演会等の普及啓発事業を行っている。特に、平成20年度から始まったトキの再導入に向けた試験放鳥では、放鳥前の順化における技術的助言等の支援を行っている。また、2007年からは井の頭自然文化園や葛西臨海水族園

の職員とともにイモリの生態調査と生息地の維持管理、"東京メダカ"の生息状況調査など、生息域内での直接的な保全活動にも取り組んでいる。

「生息域外保全の推進」については、トキ、ニホンコウノトリ、クロツラヘラサギ、東京メダカの飼育繁殖を担当している。この他、鳥類の人工孵化、人工育雛技術の検討も重要な業務となっている。

「バイオテクノロジーの応用」は、園内にある実験室においてDNA解析、糞尿中の性ホルモン測定、配偶子の凍結保存を中心に取り組んでいる。今後、これからの成果をもとにさらに技術を発展させ、生息域内、域外を問わず保全活動に一層活用できるよう取り組みを推進していくものである。

2. バイオテクノロジーを応用した飼育下繁殖の取り組み

ここでは「いのちを科学する」というテーマにもある通り、動物園で取り組んでいるバイオテクノロジーを利用した取り組みについて紹介する。多摩動物公園は園内に小さな実験室を備えており、希少動物の繁殖に役立てるための三つの研究を行っている(図1)。一つはPCR法を用いた雌雄判別などを行うDNA解析、二つ目が配偶子の凍結保存を行う冷凍動物園、三つ目が動物の発情チェックや妊娠判定などを行うホルモン測定である。これらの技術は主に家畜などで既に利用されているもので、野生動物に応用するには難しい面も多くあるが、大学などのさまざまな研究機関のサポートを受けながら技術の習得と改善に努めている。

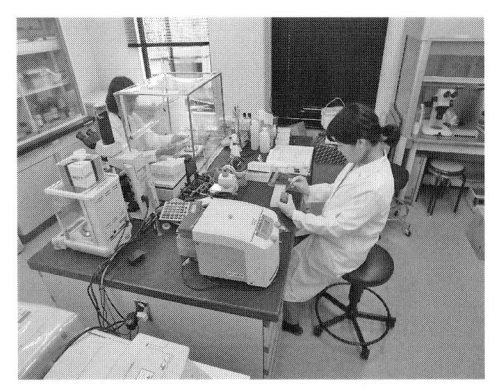

図1 野生生物保全センター実験室

2.1 DNA 解析

野生動物には外見だけでは雌雄判別できない種類があり、特に鳥類では判別困難な種が多くいる。雌雄の早い段階での性判別は動物園で繁殖計画を立てる上でも欠かせない。そこで、野生生物保全センターでは各動物の血液や羽などからDNAを抽出し、PCR法(特定のDNAを

増幅する手法）を用いて特定の DNA 領域を増幅し、可視化することで、性判別を行っている。卵殻内の血管組織を用いれば、孵化当日に性別を知ることができる。また鳥類以外ではモグラなどの食虫目の性判別にも活用している。これは野生生物保全センターの定形業務となっており、最近では、将来的に野生個体の生態調査などにも応用できるよう、糞から DNA を抽出し性判別を試みている。

性判別の他にも、メダカの系統調査や、シーケンサーを用いて鳥類のミトコンドリア DNA の塩基配列を読み取る系統解析にも取り組み、保全計画の立案等に役立てている。

2.2 配偶子の冷凍保存

動物園では本来自然繁殖を目指しているが、うまくいかないときは人工授精を行うこともある。将来、人工授精などが必要になったときのために、希少な動物の配偶子（精子や卵子）を −196℃ の液体窒素の入ったタンクの中に保存しておくことを「冷凍動物園」という。雄動物が死亡した際には速やかに動物病院で精巣を摘出し、実験室で精子の回収作業を行っている。人工授精の利点は、成獣を移動させることなく血液の更新を図ることができることである。野生生物保全センターでは現在、15 種 20 個体の精液を保存しており、2000 年には日本で初めて、凍結精液を用いたライオンの人工授精に成功している。鳥類では自然交配できないソデグロヅルの雄から採精し、その場で雌に人工授精を行い、毎年ヒナがかえっている。

冷凍動物園には自然交配ではうまく繁殖できない動物を人工授精で繁殖させられる可能性があること、また、配偶子はとても小さいので、繁殖のために動物を移動させるよりも簡単に血液更新が図れるなど大きなメリットがある。今後は新しい血統を導入するためにも野生の雄個体から採精し、飼育下の雌個体に人工授精を行うといったことも想定される。

2.3 性ホルモン測定

野生生物保全センターでは動物の発情周期や妊娠を調べるために、EIA 法（酵素免疫測定法：特異的な抗原抗体反応をする抗原または抗体に酵素を付着させ、酵素の活性を測定することによって抗原抗体反応の結合量を測定する方法）を用いて繁殖と深い関わりのある性ホルモンの濃度を測定している（図 2）。

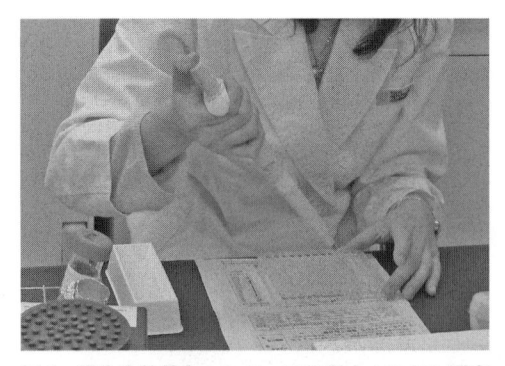

図2 野生生物保全センターでの糞中ホルモン測定の様子

動物園で動物を繁殖させるためには、雌の発情を見極め、発情周期を把握し、それに合わせて雄と同居させる必要がある。また、うまく交尾が成立したときには一日も早く妊娠判定することができれば安心して出産に備えることができる。特にブリーディングローン（動物園間における繁殖のための動物の貸し借り）の際には早期妊娠診断によって移動の時期を決める際の参考となる。

多くの動物は発情や妊娠によって、行動や採食量、体型、鳴声に変化を現すが、飼育動物の中にはこれらの外見的なサインがわかりづらい種類がいる。逆に外見的サインがわかりやすい動物であっても、それが実際に発情や妊娠をしているかどうか性ホルモンを調べることで裏づけることができる。

性ホルモンとは雌の卵巣や胎盤、雄の精巣などで合成、分泌され、血液とともに体内を循環し、繁殖にかかわるさまざまな生理作用を引き起こす化学物質である。性ホルモンを調べることで、動物の性成熟、発情、排卵、及び妊娠などの繁殖生理状態を調べることができる。

一般に、家畜の発情や妊娠を調べる方法として血液中の性ホルモン測定が使われている。しかし、家畜化されていない野生動物の採血は、動物に多大なストレスを与えるだけでなく、採血を行う人間側の危険も大きい。特に妊娠中であれば流産のリスクも伴う。卵巣や精巣などの生殖腺から血液中に分泌された性ホルモンは、最終的には糞や尿として排泄される。そこで私たちは動物の糞や尿を使ってそれらに含まれる性ホルモン濃度を調べている（図3）。特に動物にストレスを与えることなく簡単に採取できる糞は動物園動物や野生動物の繁殖生理を調べるときに非常に有効な方法として注目されている。

測定している性ホルモンは、プロジェスタージェンとエストロジェンである。プロジェスタージェンは排卵後の黄体や妊娠時の胎盤で作られるホルモンの総称で、プロジェステロンなどが含まる。エストロジェンは成熟卵胞で作られ雌

の発情を促すホルモンの総称で、エストラジオール -17β などが含まれる。

血液中のエストラジオールの量が多ければ、その動物が発情期にあったと考えられる。そして、血液中のプロジェステロンが多くなれば直前に排卵が起こっていた可能性を示している。一方で、血中のプロジェステロンが高い状態が続けば妊娠の可

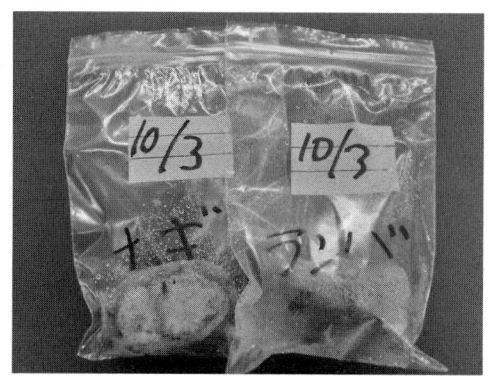

図3 糞中ホルモンの分析に使用するために採取したグレビーシマウマの糞サンプル

能性がある。これは排卵時に交尾をして、卵子が受精し着床すると卵巣内には黄体が残っているためである。プロジェステロンが高いとエストラジオールの分泌が抑制されるので、発情は止まることになる。つまり外見では、交尾後に発情が戻らず、プロジェステロンが高い値を維持したとき、妊娠の可能性を疑う、ということになる。このように、ホルモン濃度の動態をモニタリングすることによって、発情周期や妊娠などの繁殖状態を知ることができる。

保全センターにおけるホルモン測定は、共同研究の協定を結んでいる岐阜大学応用生物科学部動物繁殖学研究室の技術協力を受けて、2008年度から園内の実験室において測定できる環境を整え、飼育担当者の協力を得ながら取り組んできた。これまでに、グレビーシマウマ、アムールトラ、アフリカライオンなどの妊娠判定に成功し、無事に元気な子どもが産まれている。また、トキやツシマヤマネコなど、まだ繁殖生理の解明されていない希少種の周年のホルモン動態も調べている。

ここからは実際に動物園内でどのようにホルモン測定を行い、その結果を活用しているのか、例を挙げて紹介する。

3. 糞を用いたホルモン測定の活用例
3.1 ゴールデンターキンの性周期

ゴールデンターキンは、中国の標高2000〜4000メートル級の山岳地帯に生

図4 ゴールデンターキンの追尾行動

図5 ゴールデンターキンの交尾

図6 ゴールデンターキンのフレーメン

息し、野生での生息数は開発による生息地破壊や食用の乱獲で数が減り、300頭ほどと言われている。中国ではジャイアントパンダと並ぶ国家第一級の保護動物として保護されている。現在の日本の動物園における飼育頭数はわずか12頭と少なく、そのうち6頭を多摩動物公園で飼育している。

飼育下では6月から11月頃までが繁殖期で、繁殖期に入ると、発情が定期的にくるようになる。発情周期は約3～4週間おきで、一回の発情は1～4日間ほど続く。雌の発情はわかりやすく、雄と同居させると雄の雌に対する反応で発情を知ることができる。発情が来ていない時、雄と雌を同居させても雄は雌に何の興味も示さず、互いに一定の距離をとる。雌に発情が来ていると、雄は雌を追尾して歩くようになる（図4）。雌の発情が最高潮に達するとマウントや交尾が確認される（図5）。ときにはフレーメンも見られる（図6）。フレーメンはネコやウマなどでも見られる行動の一つで、唇を引き上げ、空気を鋤鼻器という嗅覚器官に

送りこみ発情した雌から出るフェロモンを嗅ぎ取っているといわれている。

　繁殖を目指して2頭の雌（フウカとオーキ）を雄と同居させ、その時に見られた雄の行動と雌のホルモン動態を調査した。

　ホルモン測定を始める経緯として、飼育担当者から妊娠判定をして欲しいなどの依頼を受けて始めることもあれば、こちらからお願いして始めることもある。ゴールデンターキンの場合は、雌の発情周期が乱れているようなので調べて欲しいという依頼を受けて始めた。

　フウカ（測定開始時7才）のホルモン測定は、2010年の6月から1日おきに糞を採取して行った。また、ホルモン測定と同時に、追尾、マウント、交尾などの性行動の見られた日を記録し、ホルモンとの関係を比較した。その結果、2010年の6月から10月にかけて4回の発情及び排卵が確認された（図7）。糞中プロジェスタージェンの低い日と性行動が見られた日が一致し、2010年7月から8月中旬に見られた発情周期は31日間と長く、それ以降は約24日間であった。7月から8月中旬の周期乱れた原因はわからなかったが、特に繁殖期が始まるこの時期はできる限り動物にストレスのない環境で飼育しなければいけない。その後フウカは、2010年10月4日の最終交尾後に上昇したプロジェスタージェンが高値を維持し妊娠が判明したが、残念なことに出産予定日よりも1ヵ月以上早い2011年4月18日に流産してしまった。その後も発情が戻り、交尾とプロジェスタージェンの上昇が見られたが妊娠には至らなかった。

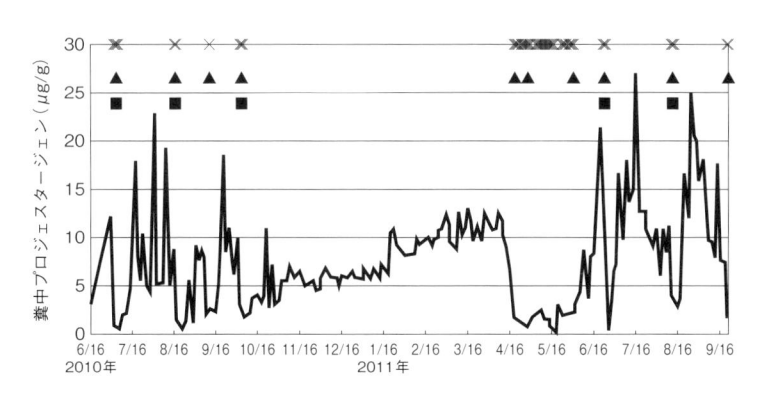

図7　雌ゴールデンターキン（フウカ）の糞中プロジェスタージェンの動態
　　　×は雄からの追尾、▲は雄からのマウント、■は交尾がそれぞれ観察された日を示す。

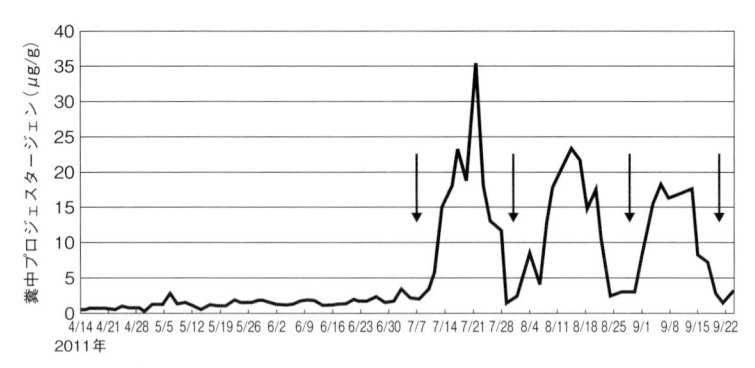

図 8　雌ゴールデンターキン（オーキ）の糞中プロジェスタージェンの動態
↓は排卵が起こったと考えられる時期を示す。

　一方、オーキ（測定開始時 6 才）は 2010 年の 4 月 13 日に出産した子どもと同居をしていたので、2010 年は繁殖には参加させなかった。ホルモン測定を行ったところ、出産後は排卵が止まっていたが、プロジェスタージェンの動態から 2011 年の 7 月 5 日に 1 年 3 カ月ぶりに排卵周期が戻っていたことが確認された（図 8）。そこで、オーキも雄のボウズと同居を試みることにした。オーキはプロジェスタージェンの動態から 7 月から 9 月に 4 回の排卵が起こっていることがわかった。その排卵から排卵までの間隔を調べると約 24 日間とわかったので、次の排卵日を 10 月 15 日頃だろうと予測し、それにむけて 3 日前の 10 月 12 日をペアリングにふさわしい日と予測して同居を行った。その結果、12 日にはボウズがオーキを追尾する様子が見られ、13 日には交尾も確認できた。その後もホルモン測定を継続し、妊娠したかどうかを調べたが、このときは残念ながら妊娠には至らなかった。
　このようにゴールデンターキンでは行動観察と合わせながら、ホルモン測定を性周期の把握や妊娠判定のために活用している。

3.2　グレビーシマウマの妊娠判定

　グレビーシマウマは、野生下ではケニアやエチオピアに 2000 頭前後が生息するのみで、IUCN のレッドリストには絶滅危惧ⅠＢ類として記載されている。2010 年 12 月末の国内飼育頭数は 7 園館で計 24 頭である。グレビーシマウマの妊娠期間は約 13 カ月間で、初期に妊娠を外見から判断することは難しく、より

第 10 章　糞からわかること

効率的な繁殖計画を立てるためにも早期の正確な妊娠判定法の確立が望まれてきた。

多摩動物公園では雄1頭と雌4頭で飼育してきたが、今年度は新たな繁殖雄として2009年5月に姫路セントラルパークから来園したアンディが繁殖に加わった。アンディは来園時8才とまだ若く繁殖が期待されており、

図 9　出産翌日の様子

2010年4月7日から6月29日にかけて4頭の雌と同居させたところ、すべての雌に対して追尾やマウント行動を示し、雌のライチとランバにおいては交尾も確認された。4頭の雌のうち、ライチが妊娠し、2011年7月6日に出産した（図9）。

妊娠しなかった個体と妊娠・出産したライチの結果を比較した（図10）。妊娠しなかった個体でも糞中プロジェスタージェンは高い値を示す時期があったが、エストロジェンの増加は見られなかった。一方、妊娠・出産したライチは、6月11日からプロジェスタージェン値が上昇し、出産の2カ月前から再び顕著な増加が見られた。エストロジェンは交尾後3カ月目から上昇し始め、妊娠中期（6〜7カ月目）をピークとする山型のグラフになった。これらの結果からグレビーシマウマは糞中プロジェスタージェン値の動態に加え、交尾後約3カ月以降に見られる糞中エストロジェン値の劇的な増加を捉えることにより、正確に妊娠を判定できるものと考えられた。

さて、ホルモン値では妊娠3カ月目で妊娠がわかることが判明したが、外見からだといつ頃から妊娠がわかるのだろうか（図11）。妊娠初期の頃はほとんど差がなかった。お腹の膨らみに気付いたのが妊娠8カ月目だった。妊娠9カ月目になると、腹部が下がり始め、10カ月目になると横にも膨らみ始める。11カ月目になると乳房の膨らみも目立つようになり、12カ月目になるともうお腹もパンパンに膨らみ、乳静脈がお腹周りから乳房にかけてはりめぐらされているのが目立つようになる。この頃にはよく観察していると胎動も確認できるよ

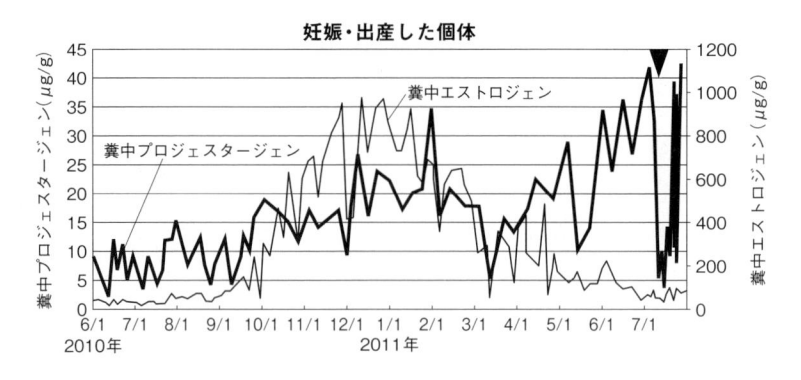

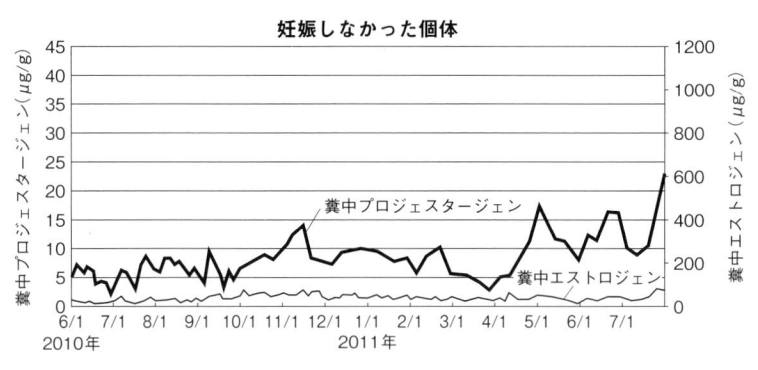

図10 雌グレビーシマウマの糞中プロジェスタージェンとエストロジェンの動態
▼は出産日（2011年7月6日）を示す。

うになる。つまり、ホルモン測定によって見た目よりも5カ月も早く妊娠判定ができるようになったということになる。しかし、動物は機械のように出産予定日ちょうどに生まれることはない。出産予定日が近付いて、生まれるのは今日か明日かという判断は、日々の観察や経験でしか対応できない部分なのである。また、ホルモン測定で妊娠がわかると、今までよりも注意して動物を見るようになるという利点もある。経験とこのような科学的なデータはどちらもおろそかにすることなく取り組んでいくことで、希少動物の繁殖につながるのである。

　また、ホルモン測定は動物の発情や妊娠判定に役立つだけでなく、飼育している個体の中で繁殖できる個体がどれくらいいるのかを把握する手段としても

第10章 糞からわかること

8カ月	9カ月
10カ月	11カ月
12カ月	13カ月

図11 グレビーシマウマ（ライチ）の妊娠経過

有効である。例えば、いろいろホルモン測定をしている中で、発情や交尾は見られるのに排卵していない個体がいることがわかってきた。ホルモン測定ではその原因がどこにあるのかということまでは調べることはできないが、繁殖可

153

能な期間により多くの子どもを残すために、排卵の有無や性周期を把握することが重要となる。

4. 飼育下ツシマヤマネコのホルモン測定と行動解析

　ツシマヤマネコのホルモン測定は、3年前から開始し、日本獣医生命科学大学獣医学部野生動物学教室と共同で行動解析にも取り組んできた。その成果の一部を紹介する。

　井の頭自然文化園では、2006年からツシマヤマネコの分散飼育を始め、2009年から繁殖に取り組んできたが、まだ繁殖に成功していない。その理由として、ツシマヤマネコでは繁殖に関わる生態や生理がよくわかっていないことが挙げられる。特に動物園では、ツシマヤマネコの生態に合わせて、繁殖期以外は雌雄を別々に飼育し、雌の発情に合わせてペアリングを行っているが、トラやライオンなどの大型のネコ科動物に比べて外見から発情兆候を捉えることが難しく、繁殖を難しくさせている原因の一つになっている。そこで、発情と関係のある行動を明らかにするため、糞中の性ホルモンの動態を調べるとともに、繁殖期に見られる行動を比較した。

　調査は、井の頭自然文化園において非公開で飼育している雄1個体（No.45）と雌1個体（No.38）の1ペアを対象にした。糞の採取は2009年1月末から開始し、ほぼ毎日、放飼場または寝室に落ちているものを回収し、雌は糞中のプロジェスタージェンとエストロジェン含量を、雄は糞中アンドロジェン含量を測定した。

　行動解析は、放飼場及び寝室に設置されたビデオカメラで24時間自動録画された映像をもとに行った。観察項目は、ネコ科動物の繁殖期に一般に見られる、「尿スプレー」、「こすりつけ」、「ローリング」、「爪とぎ」、「陰部をなめる行動」と供試個体で繁殖期中によく観察された「立ち上がり」（異性の様子をうかがうためにフェンス越しに後肢のみで立ち上がる行動）の計6項目とし、観察時間（14:00～17:00）中に各行動が見られた回数を記録した。

　その結果、雌の糞中エストロジェンの動態から、1年を通して卵胞発育を繰り返している可能性があることや、一般にネコ科動物は交尾排卵と考えられているが、プロジェスタージェンの動態から交尾がなくても雄との同居など何ら

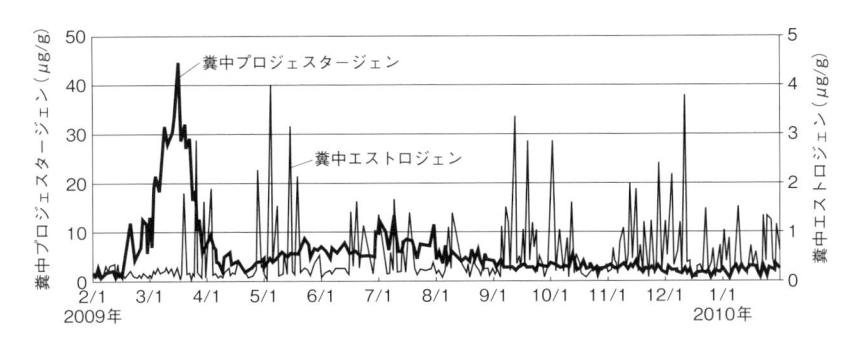

図12 ツシマヤマネコの雌 No.38 の糞中プロジェスタージェンとエストロジェン含量の動態

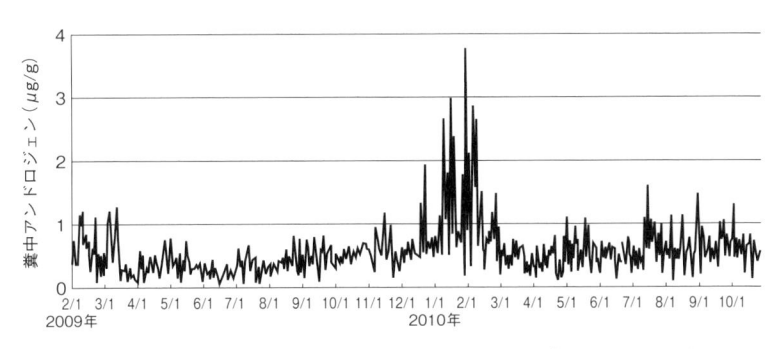

図13 ツシマヤマネコの雄 No.45 の糞中アンドロジェン含量の動態

かの刺激（心理的な刺激を含む）が加わることで排卵が起こる可能性が見えてきた（図12）。また、雄のアンドロジェンは1月から2月末にかけて高く、この時期に精巣活動が活発になっていることが予想された（図13）。

さらに、雌のエストロジェンと尿スプレー、ローリング、立ち上がり、こすりつけ、陰部をなめる行動、雄のアンドロジェンと尿スプレー、こすりつけ、立ち上がりにおいて、それぞれ有意な正の相関関係が見られた。

5. まとめ

このように、動物園では日常の行動観察に合わせて、リアルタイムでホルモン測定を行うことで、多くの種においてより確実に繁殖させることができるようになってきた。特に、採取が容易で普段は捨ててしまう糞から、繁殖に関わ

るたくさんの情報が得られるという点は、メリットが大きい。この成果は大学で蓄積してきた基礎データに支えられて可能となってきたことであり、ツシマヤマネコのように、まだ繁殖生理が十分にわかっていない種についてホルモン測定を新たに始める場合には、行動観察を並行して行い、ホルモン動態と行動がどうリンクしているのかを照らし合わせていく必要がある。その積み重ねが、動物園での飼育繁殖技術の向上につながり、さらに動物園で得られた知見が野生動物の保全につながっていくことを願っている。

索　引

【あ行】
アカガシラカラスバト　11
アカハライモリ　47、117〜125
アムールヤマネコ　51、134
アメリカザリガニ　95
アライグマ　14

イエネコ　15、19
域外保全　31、38、123、128
域内保全　30、38、127
遺伝的多様性　129
イノシシ　13
イモリ　47、117〜125
陰茎マッサージ法　131

エストロジェン　146
FIV　19

オガサワラオオコウモリ　11
オガサワラシジミ　44

【か行】
カブトムシ　114
カマキリ　114
環境教育　88

教育基本法　31
キリン　72〜79

グレビーシマウマ　150
クローン技術　140

ゲンゴロウ　114
顕微授精　138

コアラ　69
コウノトリ　21
ゴールデンターキン　147
国際自然保護連合　27、43、88、127

【さ行】
再導入　128

子宮内人工授精　135
自然体験　89
舌遊び行動　78
ジャイアントパンダ　39、69、133、136
社会教育法　32
人工授精　39、134
人工腟法　131
人工繁殖技術　129、130

ズーストック計画　43

精液性状　133
生殖工学　130
生殖子　131
生息域外保全　31、38、123、128
生息域内保全　30、38、127
生物多様性　29
絶滅の渦巻　41
ゼニガタアザラシ　11
ソデグロヅル　145

【た行】
体外授精　138
体外成熟培養　138
体験型展示　93
タスマニアデビル　17
タヌキ　96

チーター　135
腟内人工授精　135

ツキノワグマ　12
ツシマヤマネコ　12、19、50、96、128、134、137、154

低温保存　137
電気刺激法　131

東京メダカ　45
凍結精液　132、137
凍結胚　140
動物愛護法　34

動物解説員　67
トキ　21、48
鳥インフルエンザ　14

【な行】
ニホンジカ　13

【は行】
胚移植　138、139
博物館法　33

ブリーディングローン　146
フレーメン　148
プロジェスタージェン　146
分散飼育　129、154

ペンギン　69

ホタル　115
ホトケドジョウ　122

【ま行】
マングース　15

【や行】
野生生物保全センター　143
ヤモリ　117
ヤンバルクイナ　14、42

ユキヒョウ　69

用手法　131

【ら行】
ライオン　145

冷凍動物園　40、141、145
レッサーパンダ　69
レッドリスト　44、118、127

ローランドゴリラ　133

157

執筆者一覧 （執筆順）

■編著者

羽山　伸一（はやま　しんいち）
　　日本獣医生命科学大学　獣医学部獣医学科　野生動物学教室　教授
土居　利光（どい　としみつ）
　　恩賜上野動物園　園長
成島　悦雄（なるしま　えつお）
　　井の頭自然文化園　園長

■著　者

吉川　美紀（よしかわ　みき）
　　日本獣医生命科学大学　獣医学部獣医保健看護学科　4年生
草野　晴美（くさの　はるみ）
　　多摩動物公園　教育普及係　動物解説員
天野　未知（あまの　みち）
　　井の頭自然文化園　教育普及係長
田畑　直樹（たばた　なおき）
　　多摩動物公園　園長
児玉　雅章（こだま　まさあき）（都立動物園・水族園イモリ調査チーム）
　　井の頭自然文化園　水生物館飼育展示係主任
堀　達也（ほり　たつや）
　　日本獣医生命科学大学　獣医学部獣医学科　獣医臨床繁殖学教室　准教授
下川　優紀（しもかわ　ゆうき）
　　多摩動物公園　南園飼育展示係（執筆時は野生生物保全センター所属）

野生との共存
行動する動物園と大学

2012年7月1日　初版第1刷

編著者　羽山伸一・土居利光・成島悦雄
著　者　吉川美紀・草野晴美・天野未知
　　　　田畑直樹・児玉雅章・堀　達也・下川優紀
発行者　上條　宰
印刷所　モリモト印刷
製本所　イマヰ製本

発行所　株式会社　地人書館
〒162-0835　東京都新宿区中町15
電話　03-3235-4422
FAX　03-3235-8984
郵便振替　00160-6-1532
e-mail　chijinshokan@nifty.com
URL　http://www.chijinshokan.co.jp/

©2012　　　　　　　　　　　　　　Printed in Japan.
ISBN978-4-8052-0851-9 C1045

JCOPY　〈(社)出版社著作権管理機構　委託出版物〉

本書の無断複写は、著作権法上での例外を除き禁じられています。複写される場合は、そのつど事前に、(社)出版者著作権管理機構（電話03-3513-6969、FAX 03-3513-6979、e-mail: info@jcopy.or.jp）の許諾を得てください。また、本書を代行業者等の第三者に依頼してスキャンやデジタル化することは、たとえ個人や家庭内の利用であっても一切認められておりません。